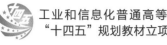 工业和信息化普通高等教育 "十四五"规划教材立项项目 | 高等院校网络与新媒体 新形态系列教材

短视频
编辑与制作
抖音 + 剪映 + Premiere

王薇◎主编

胡秀娥 林禄苑 秦燕妮◎副主编

Short Video
Editing and Production

人民邮电出版社

北京

图书在版编目（CIP）数据

短视频编辑与制作 / 王薇主编. -- 北京 ：人民邮
电出版社，2024.2
高等院校网络与新媒体新形态系列教材
ISBN 978-7-115-62697-4

Ⅰ. ①短… Ⅱ. ①王… Ⅲ. ①视频制作－高等学校－
教材 Ⅳ. ①TN948.4

中国国家版本馆CIP数据核字(2023)第180103号

内 容 提 要

本书从零基础开始讲解抖音、剪映、Adobe Premiere Pro CC 2019（以下简称 Premiere）这三个热门软件的短视频编辑与制作技巧；全书内容讲解由易到难、由浅入深，旨在帮助读者掌握短视频编辑与制作的策划、拍摄、运镜、添加滤镜、添加特效等知识。

本书共 9 章，包括短视频编辑与制作入门、短视频筹备与策划、短视频前期拍摄、短视频后期制作基础知识、拍摄与制作抖音短视频、使用剪映编辑与制作短视频、使用 Premiere 制作短视频、使用其他工具制作短视频、短视频编辑与制作实战等内容。

本书可作为高等院校网络与新媒体、数字媒体技术、电子商务、市场营销、网络营销与直播电商等专业相关课程的教材，也可作为从事短视频创作相关工作人员的参考书。

◆ 主　　编　王　薇
　　副 主 编　胡秀娥　林禄苑　秦燕妮
　　责任编辑　孙燕燕
　　责任印制　李 东　胡 南
◆ 人民邮电出版社出版发行　　北京市丰台区成寿寺路 11 号
　　邮编　100164　电子邮件　315@ptpress.com.cn
　　网址　https://www.ptpress.com.cn
　　优奇仕印刷河北有限公司印刷
◆ 开本：700×1000　1/16
　　印张：12.75　　　　　　2024 年 2 月第 1 版
　　字数：301 千字　　　　 2025 年 1 月河北第 4 次印刷

定价：59.80 元

读者服务热线：(010)81055256　印装质量热线：(010)81055316
反盗版热线：(010)81055315
广告经营许可证：京东市监广登字 20170147 号

前言
Preface

党的二十大报告指出，教育、科技、人才是全面建设社会主义现代化国家的基础性、战略性支撑。党的二十大报告明确了科技、人才、创新的战略地位，并强调了"坚持科技是第一生产力、人才是第一资源、创新是第一动力，深入实施科教兴国战略、人才强国战略、创新驱动发展战略，开辟发展新领域新赛道，不断塑造发展新动能新优势"的理念和实践方针，为推动当下和未来一段时间内我国科教及人才事业的发展、人才培养体系的构建指明了基本方向。

在新媒体时代，短视频是比较热门的互联网内容传播方式，其凭借个性化等突出特点吸引了大批年轻用户。短视频创作者要想创作出令人惊艳的短视频作品，除了需要掌握前期拍摄过程中的景别、拍摄角度、构图、光线、运镜等技巧，后期剪辑的作用也不容忽视。只有后期对所拍摄的视频素材进行剪辑，并添加音乐、文字、特效等，才能形成情节与节奏，进而更加鲜明地表达短视频的主题，给用户带来强烈的视觉冲击力，并吸引用户的注意力。

短视频编辑与制作领域有很多剪辑工具，其中抖音、剪映、Premiere 是短视频编辑与制作的核心软件。当前以抖音 + 剪映 +Premiere 为核心软件的图书大多理论论述过多，实战性较差，不能有效赋能教学实践。基于此，编者编写了本书。

本书特色主要体现在以下 5 个方面。

（1）立德树人，落实素养教学。本书深入贯彻党的二十大精神，落实立德树人根本任务，书中专门设置了"素养课堂"模块，在内容讲解中融入爱国主义精神、诚信经营理念、法治精神、职业道德等元素，有助于读者形成正向、积极的世界观、人生观和价值观，以此培养德、智、体、美、劳全面发展的复合型人才。

（2）案例主导、图解教学。本书列举了大量的短视频编辑与制作的精彩案例，采用图解教学的形式，一步一图，以图析文，使读者通过对案例的学习能举一反三。

（3）结构清晰，理论与实践结合。本书详细地介绍了短视频筹备与策划、前期拍摄和后期

前言
Preface

制作的方法，并且将理论与实践相结合，深入讲解抖音、剪映、Premiere 的实际操作，能够帮助读者更好地理解理论知识并掌握实际操作技能。

（4）体例丰富，注重应用。本书结合短视频类课程的教学特点，设置"学习目标""导引案例""提示与技巧""思考与练习"等模块，有利于增强读者对知识内容的理解和应用。全书逻辑清晰，结构合理，满足短视频编辑制作实战教学的需求。

（5）教学资源丰富，赋能立体教学。本书配套教学资源丰富，提供微课视频、PPT 课件、教学大纲、电子教案、实例素材、课后习题答案等教学资源，用书教师可登录人邮教育社区（www.ryjiaoyu.com）免费下载。

本书由王薇担任主编，胡秀娥、林禄苑、秦燕妮担任副主编。在编写本书的过程中，编者得到了众多业内专家的支持，在此表示衷心的感谢。由于编者水平有限，书中难免存在不妥之处，恳请广大读者批评指正。

编　者

2023 年 12 月

目录
Contents

目录
Contents

目录
Contents

目录
Contents

第 1 章
短视频编辑与制作入门

　　近年来，由于信息量大、分享便捷，短视频吸引了越来越多的互联网用户，带来了新的营销风口。本章讲解短视频的基础知识，包括认识短视频、常见的短视频平台、短视频的拍摄与制作基本流程、短视频的拍摄工具、短视频的编辑与制作工具等内容。

【学习目标】

➢ 了解短视频。
➢ 了解常见的短视频平台。
➢ 掌握短视频的拍摄与制作基本流程。
➢ 掌握短视频的拍摄工具。
➢ 掌握短视频的编辑与制作工具。

【导引案例】企业借助短视频进行营销

随着短视频的火爆，不少企业都开始借短视频的势进行营销活动。知名餐饮企业一味一诚在某社交平台发起过一场"夏日畅饮活动"。这次活动规定用户用视频记录下在一味一诚吃烤鱼、喝啤酒以及吃冰激凌的故事，发布视频并添加话题"夏日畅饮节"，然后@一味一诚，就可以参加活动。

用户制作的视频将根据点赞数、评论量、相关度等进行排名。前50名用户均可以获得一张含有300瓶啤酒+200个冰激凌的畅饮券。这次活动吸引了约1.4万名用户积极参与，整体互动量超过348万人次，话题视频播放量达到2.5亿人次以上。这不仅激发了用户的创作热情，还提升了用户对品牌的忠诚度。对品牌企业而言，这场活动既拉近了与顾客的距离，也提升了自身的品牌价值。

无论是哪种营销方式，最终的目的都是获取更多的用户，增加收入。从本质上说，品牌企业在短视频平台上造势都属于内容和传播方式的创新。品牌企业将商品植入短视频中，可以获得更高的曝光量；新颖的视频拍摄方法和音乐深受年轻人的喜爱。这正是当下品牌企业借势营销的制胜法宝。

思考与讨论

（1）一味一诚是如何借助短视频进行营销的？

（2）常见的短视频类型有哪些？

1.1 认识短视频

短视频给予了每个创作者非常大的发挥空间。什么是短视频？短视频的特点是什么？短视频有哪些优势？下面将逐一介绍。

扫一扫
认识短视频

↘ 1.1.1 短视频的类型

目前，各大平台短视频的类型多种多样。下面从短视频渠道类型、短视频生产方式类型和短视频内容三个角度来介绍不同类型的短视频。

1. 短视频渠道类型

短视频渠道就是短视频的流通线路。按照平台的特点和属性，短视频渠道可以分为五种类型，分别是资讯客户端渠道、在线视频渠道、短视频渠道、媒体社交渠道和垂直类渠道，具体如下表所示。

短视频渠道表

资讯客户端渠道	今日头条、百家号、企鹅媒体平台、一点资讯等
在线视频渠道	大鱼号、搜狐视频、爱奇艺、腾讯视频、第一视频等
短视频渠道	抖音、快手、微视、西瓜视频等
媒体社交渠道	微博、微信、QQ空间等
垂直类渠道	淘宝、京东、蘑菇街、礼物说等

2. 短视频生产方式类型

按照生产方式，短视频可以分为UGC、PGC和PUGC这3种类型。

UGC，全称为 User Generated Content，指用户生成内容。此处的"用户"专指普通用户，即非专业个人生产者。如果 UGC 运营得好，不仅能节省很多内容产出成本，而且能使内容更接近用户群体，引起用户群体的共鸣。UGC 具有产出数量大、内容质量参差不齐、商业价值不高的特点。

PGC，全称为 Professional Generated Content，指专业生产内容。PGC 通常独立于短视频平台，旨在为用户提供更专业的内容，以吸引更广泛的潜在用户的关注。

PUGC，全称为 Professional User Generated Content，指专业用户生产内容。此处的"专业用户"指拥有用户基础的"网红"，或者拥有某一领域专业知识的意见领袖。其优势在于其既具有 UGC 的广度，又能通过 PGC 产生的专业化内容更好地吸引、沉淀用户。

3. 短视频内容类型

根据短视频内容的不同，短视频可以分为才艺表演类、搞笑类、萌娃萌宠类、特色景点类、正能量类、实用技术类等类型。

（1）才艺表演类

才艺表演是指通过剧情表演、音乐、舞蹈等形式展现出来的一种内容。抖音刚进行市场推广时，就是到各大高校、艺术社团做宣传，因此奠定了一定的艺术类用户基础。特别是音乐和舞蹈类的短视频，更能吸引用户关注。图 1-1 所示为民族舞蹈短视频截图。

> **提示与技巧**
>
> 才艺表演类短视频的制作要求高，如制作舞蹈短视频就要求舞者的表演能力要强，音乐要好听，舞蹈要好看。没有这方面才能的人是难以做好这类短视频的。

（2）搞笑类

搞笑类短视频的内容包括笑话、搞笑情节剧、恶搞等。这类短视频的主要功能之一是供用户在碎片化的时间里消遣，当用户看完短视频捧腹大笑时，点赞就自然成为他们的一种奖赏表达方式。因此，搞笑类短视频容易成为热点。

与其他类型的短视频相比，搞笑类短视频的内容要求更高：必须有笑点，让人看了立刻就有点赞和转发的欲望。图 1-2 所示为某抖音账号发布的搞笑类短视频截图，该博主在抖音上发布了 200 多个搞笑类短视频，吸引了大量用户关注。

图 1-1　民族舞蹈短视频截图

图 1-2　某抖音账号发布的搞笑类短视频截图

素养课堂

拘留、封号！江西一短视频博主被罚

自开展百日网络谣言打击整治专项行动以来，赣州警方加大网上巡查执法力度，依法查处了一批在网上故意制造虚假内容的账号。

2023 年 5 月 7 日，赣州市公安局蓉江新区分局网安部门工作时发现，网民"我们是××××吧"于 5 月 6 日 17 时许发布一条火灾视频并配文："江西省某地前天发生事故，太危险了吧""火烧山请各位打 119"，该视频引发了网友关注和评论。

经公安机关核查、多方求证，辖区近期并未发生过山林火灾，该视频内容确系谣言，且极易造成群众恐慌，对社会稳定产生负面影响。核查清楚后，网安部门立即展开行动，第一时间对视频发布者进行调查。经查，网民"我们是××××吧"的真实身份为赖某，当日为博取流量，满足虚荣心，采用"移花接木"的手法，发布外地火灾视频并谎称发生在本地。

经公安民警批评教育，赖某对其故意编造虚假信息的行为供认不讳，公安机关在依法查明事实后，对其予以行政拘留处罚，其发布谣言的短视频账号被依法注销。

网络不是"法律盲区"，网络空间也绝非"法外之地"，人人都要为自己的言行负责，坚守网上言论自由底线。在网络上散布或指使他人散布虚假信息、起哄闹事，扰乱公共秩序，属于违法犯罪行为，严重的将追究刑事责任。

《中华人民共和国治安管理处罚法》第二十五条规定，有下列行为之一的，处五日以上十日以下拘留，可以并处五百元以下罚款；情节较轻的，处五日以下拘留或者五百元以下罚款：

（一）散布谣言，谎报险情、疫情、警情或者以其他方法故意扰乱公共秩序的；

（二）投放虚假的爆炸性、毒害性、放射性、腐蚀性物质或者传染病病原体等危险物质扰乱公共秩序的；

（三）扬言实施放火、爆炸、投放危险物质扰乱公共秩序的。

（3）萌娃萌宠类

萌娃萌宠也是粉丝较多的短视频类型，比如把宠物人格化并给它们穿上搞怪的服装、给宠物配音等短视频经常有很高的播放量。非常可爱的孩子或者宠物，他（它）们的一个动作、一个表情或者一句配音，都能让粉丝直呼"可爱"。那些被吸引的粉丝会忍不住点赞和反复观看，这会让短视频获得更高的播放量。图 1-3 所示为某萌宠短视频截图。

（4）特色景点类

短视频带动了特色景点的宣传，这些特色景点短视频能带给人美的享受，令人向往，很容易引起用户的关注。

例如，丽江留给大家印象最深的应该就是玉龙雪山，正因为有了玉龙雪山，丽江才有了色彩斑斓的四季美景。图 1-4 所示为玉龙雪山短视频截图。

丽江除了玉龙雪山还有其他的特色景点——丽江古城。古城内木楼青瓦，古街石巷，小桥流水，站在古城东大街上，举头即可遥望玉龙雪山，景色十分秀丽。丽江古城短视频截图如图 1-5 所示。

图1-3 某萌宠短视频截图　　图1-4 玉龙雪山短视频截图　　图1-5 丽江古城短视频截图

（5）正能量类

正能量的短视频也比较受欢迎，越是压力大、浮躁、迷茫或有挫败感的人，越是需要正能量。短视频如果能够带给人正能量，引发用户内心深处的共鸣，往往就会获得很高的评论量与转发量。

正能量的短视频之所以很容易引起大家情感上的共鸣，易于转发传播，是因为这类短视频洞悉了用户的心理，用犀利的文案加上恰当的表述方式，打造出价值认同感。这种价值认同感能带来用户追随式的关注，让用户黏性增强。图1-6所示为正能量短视频截图。

（6）实用技术类

实用技术类短视频在抖音上一直很火，实用培训教程、资源集合、美食教学、生活技巧类的短视频都属于此类。虽然这类短视频的粉丝规模有限，但其定位更加精准，转化率更高。这类短视频很好地利用了用户的收藏心理——"先点赞收藏，未来可能会用得上"。短视频创作者只要有某项实用技术，就可以利用其拍摄短视频。图1-7所示为美食教学短视频截图，该短视频详细讲授了美食制作流程，实用性较强。

图1-6 正能量短视频截图　　图1-7 美食教学短视频截图

↘ 1.1.2 短视频的特点

在制作短视频之前，短视频创作者要先了解短视频的特点，短视频具有以下几个方面的特点。

1. 互动性强

短视频发布者可以和用户进行互动，每个用户都可以对短视频进行点赞、转发、评论。

用户在评论区向短视频发布者发出评论，短视频发布者可即时做出回答，当用户看到自己的评论被回复时，其评论的积极性自然就提高了。

2. 短小精悍，内容丰富

短视频一般时长为 15 秒到 5 分钟，短小精悍，且注重在前几秒就吸引用户的注意力，符合碎片化时代的用户习惯。另外，短视频的内容题材丰富多样。

3. 制作简单，形式多元

电视剧等传统视频制作复杂、推广费用高昂，而短视频在制作、上传和推广等方面具有很强的便利性，门槛和成本较低。短视频创作者利用一部手机就可以完成短视频的拍摄、制作、上传与分享。目前主流的短视频 App 大多具有一键添加滤镜和特效等功能，且各种功能简单易学，使用门槛低。

4. 富有创意，极具个性

短视频的内容丰富，表现形式多样，符合"90 后"和"00 后"个性化和多元化的审美需求。用户可以运用充满个性和创造力的制作和剪辑手法创作出精美、有创意的短视频，以此来表达个人的想法和创意。

5. 精准营销，高效销售

短视频具有指向性优势，可以帮助企业准确地找到目标用户，从而实现精准营销。短视频平台通常会设置搜索框并对搜索引擎进行优化，目标用户可以在短视频平台搜索关键词，这会让短视频营销更加精准。

⅃ 1.1.3 短视频的发展趋势

短视频的火热吸引了更多资本流入短视频领域，使短视频拥有广阔的发展前景。未来短视频的发展趋势如下。

1. 内容优质化

当短视频的流量红利逐渐减少时，原创、优质的内容便会成为短视频平台关注的重点。未来的短视频只有制作精良、内容优质，才能吸引更多的用户观看。

2. 内容垂直化趋势凸显

目前所有短视频中占据较大份额的是搞笑类、才艺表演类短视频，但这种泛娱乐化的内容往往趋同，其热度正在消退，而新内容则将不断向垂直方向发展。专注于美妆、美食、旅游等垂直领域的稀缺性内容正越来越受欢迎，部分门槛较高的垂直细分领域的内容更易获得用户的青睐。

内容垂直化不失为使小型短视频平台发展壮大的好方法。小型短视频平台可以瞄准细分市场、寻找差异化定位，只针对某一个或者某几个领域的目标用户，如成为专门提供旅行攻略或教育信息的短视频平台等。企业品牌营销的目的是发现或挖掘用户需求，让用户了解企业的商品，并最终形成用户消费黏性。

3. 个性化推荐

随着短视频数量的增加，短视频平台将面对更加细分的用户群体，而精准的个性化推荐将起到重要的作用。个性化主要分为兴趣个性化和地域个性化。前者利用大数据和机器学习精准捕捉用户兴趣并进行短视频推送，后者凭借地域特点打动受众。在个性化的时代，垂直内容能够被更精准地推荐给潜在用户。

4．转换模式

目前，短视频的商业化探索仍集中于广告植入、电商流量方面，有一定的局限性。未来，短视频平台过度依赖广告的局面将发生改变。对于一些经济附加值高的短视频，短视频平台可以采取内容付费的模式，并结合智能移动终端的定位系统和场景识别功能进行端口接入。

5．人工智能与用户的情景互动

随着人工智能的发展，目前已经出现了虚拟主播。未来短视频或许也可以引入虚拟主播，基于人工智能与用户互动并进行大数据分析，从而实现人工智能与用户的情景互动。

6．融合发展

现在各大互联网平台都在打造自己的生态系统，直播、电商、社交、资讯等领域纷纷将短视频作为内容的展现方式。"短视频＋直播""短视频＋电商""短视频＋社交""短视频＋资讯"等移动 App 不断涌现，"短视频＋"模式正加速渗透、全面铺开。

1.2　常见的短视频平台

经过激烈的市场竞争，目前抖音和快手已经成为短视频直播行业的巨头。除了抖音和快手之外，各大互联网巨头也推出了多款短视频 App。下面介绍几个常见的短视频平台：抖音、快手、小红书、微信视频号。

扫一扫

常见的短视频平台

1.2.1　抖音

抖音是一款可拍摄短视频的音乐创意短视频社交平台。在这个平台上，用户可以通过选择音乐、拍摄短视频来完成自己的作品。抖音还集成了镜头、特效、剪辑等功能，以尽量减少需要对短视频进行后期处理而导致的流量转移。抖音首页如图 1-8 所示。

抖音采用去中心化的分发逻辑，给所有用户推荐短视频都是从小流量池开始，接着选取流量较大的短视频，为其分配更大的流量池，最后把内容最优质的短视频推荐到首页。这种基于内容质量的分发逻辑很容易产生"头部效应"，因为名人拥有大量的粉丝，他们创作的短视频的质量也比较好，所以最容易也最早被用户看到。

1.2.2　快手

快手最初是一款处理图片和视频的软件，后来转型为短视频社区。快手强调人人平等，是一个面向所有普通用户的平台。快手的定位为"记录世界记录你"，其开屏界面的文案是"拥抱每一种生活"。快手鼓励每一个用户都用快手记录和展示自己的生活。快手给予每个用户平等的曝光机会，因此在早期迅速获得了四、五线城市用户的青睐。近年来，快手通过一系列的运营和迭代，逐渐进行品牌升级，开始获得越来越多的一、二线城市用户的青睐。

图 1-8　抖音首页

快手首页如图 1-9 所示。

↘ 1.2.3 小红书

小红书是"种草"平台，具有很强的社交"种草"和发布笔记的"基因"，主要以图片和照片的形式记录生活和分享日常。小红书用户看到"种草"内容后，就知道了一个品牌，并且有了相应的需求，然后会决定是否选择这个品牌，是否最后下单，从而形成了一个闭环。在小红书平台的系统内，闭环过程可以让用户一步到位。"种草"是小红书最常见、最基本的方式之一。小红书以前承载着许多"种草"环节，加入直播功能后，可以直接形成从"种草"到"拔草"的闭环。所谓"种草"，就是用户首先与他人分享，使他人对商品、景区、电视剧、电影等的消费体验有一定的了解，进而产生购买欲望。用户要想在小红书"种草"后获得满足感，就必须回到现实生活中去体验（拔草），这样的消费链才能形成完整的闭环。可以这么说，小红书凭借丰厚的流量红利将"种草"化于无形。图 1-10 所示为小红书首页。

↘ 1.2.4 微信视频号

微信视频号依靠微信巨大的用户流量，已经逐渐发展成一个依托于微信社交生态的全新短视频平台。其具有私域流量优势明显、用户定位精准、转化率高等特点。微信视频号的优势就在于和微信生态紧密相连，可以通过一系列手段实现"强触达""长复利"。

微信视频号位于微信的"发现"界面中的"朋友圈"下方。在微信推出的各项功能中，微信视频号的定位高于"扫一扫"，仅次于"朋友圈"。可见微信对视频号非常重视。

微信视频号主页包括"关注""朋友""推荐"3 个板块，如图 1-11 所示。

图 1-9 快手首页

图 1-10 小红书首页

图 1-11 微信视频号主页

如果发布的视频内容足够优质，并有大量的用户点赞和评论，甚至主动转发到朋友圈或微信群，那么视频就有很大的概率得到算法的主动推荐，从而获得更大范围的传播。

提示与技巧

微信视频号还具有社交推荐属性。在微信视频号发布的作品,可以通过朋友圈和微信群转发和传播,借助社交网络让更多用户看到和关注;还可能出现在微信好友的"个性化推荐"信息流里,即便这位微信好友并未关注你的微信视频号。

1.3 短视频拍摄与制作基本流程

短视频拍摄与制作基本流程包括短视频策划与筹备、短视频拍摄、短视频剪辑、短视频发布与运营等。

扫一扫

短视频拍摄与
制作基本流程

↘ 1.3.1 短视频策划与筹备

在拍摄短视频之前,短视频创作者要先做好策划与筹备,明确选题方向;否则,短视频就难以吸引用户。选题策划影响内容的深度、广度、受欢迎程度,以及传播范围。策划与筹备环节考验的是短视频创作者的创意表达能力,以及对热点、用户喜好等方面的敏锐度。

策划是一项需要投入精力且难度大的工作,需要短视频创作者有丰富的知识、创意积累。优秀的选题策划通常新颖、有创意,独树一帜。

确定选题之后,短视频创作者就要策划短视频的具体内容了。短视频主题风格的设定、内容环节的设计、时长的把控、脚本的编写等都需要在拍摄短视频前完成,同时这些也是短视频创作的核心环节。

提示与技巧

短视频创作者在策划短视频内容时,要充分发挥创造力和想象力,通过演绎故事、渲染情绪、借助热点等方式,引发用户共鸣,触及用户痛点,打造出有价值、有深度、传播力强的优质作品。

↘ 1.3.2 短视频拍摄

短视频创作者在拍摄前应做好准备工作,准备好拍摄的器材、相关道具,布置好场景。短视频拍摄除了对画面构成、光影色彩的把控、清晰度等有一定的要求以外,还对拍摄者的审美有一定的要求。

短视频拍摄是一项实际操作重于理论知识的工作。下面介绍短视频拍摄需要注意的一些基本事项。

1. 具备原创能力

现在很多短视频的内容雷同,所以短视频创作者在拍摄短视频的时候要注重原创性,这样才能吸引更多用户。

2. 好的背景音乐是精髓

短视频的火爆离不开背景音乐的作用。好的背景音乐能刺激人的听觉,与短视频内容相结合,给人以美的享受。

9

3. 借助防抖器材

短视频创作者在拍摄短视频时，要防止镜头抖动，时刻保持准确对焦，这样才能获得清晰的画面。现在网上有很多防抖器材，如三脚架、独脚架、防抖稳定器等，针对手机、摄像机的都有，短视频创作者可以根据所使用的短视频拍摄工具来配备。

4. 注意拍摄动作

短视频创作者在拍摄移动镜头时，上身动作要少，下身要小碎步移动；短视频创作者走路时要上身不动下身动；在镜头需要旋转时，短视频创作者要转动整个上身，尽量不要移动双手。

5. 注意画面要有一定的变化

短视频创作者在拍摄时，注意画面要有一定的变化，不要用一个焦距、一个姿势拍摄完全程，要通过推镜头、拉镜头、跟镜头、摇镜头等来使画面富有变化。例如，进行定点人物拍摄时，短视频创作者要注意通过推镜头进行全景、中景、近景、特写的拍摄，以实现画面的切换，不然画面会显得很乏味。

↘ 1.3.3　短视频剪辑

短视频拍摄完成后，接下来就是剪辑工作了。在剪辑短视频的时候，剪辑师应注重合理搭配画面，以及合理使用特效和背景音乐。剪辑其实是一个二次创作的过程，这就意味着剪辑师不仅需要了解摄影师想要表达什么，还需要充分了解受众想看什么。好的剪辑师可以在剪辑短视频的过程中抓住受众的痛点，运用剪辑技巧在最短的时间内抓住受众的眼球。

虽然现在很多短视频平台都有编辑功能，但是利用这些编辑功能制作出的效果不如利用剪辑软件制作出的效果好。在 PC 端可以使用 Premiere 等软件剪辑短视频，在手机端可以使用剪映、快影、巧影等 App 剪辑短视频，这些手机剪辑软件的功能都非常全面，非常适合新手使用。

↘ 1.3.4　短视频发布与运营

短视频制作完成后，短视频创作者需要考虑将其发布到合适的平台上，以获得更多的流量。在发布阶段，短视频创作者要做的工作主要包括选择合适的发布渠道、监控发布渠道的短视频数据和优化发布渠道。短视频创作者需要根据短视频类型来确定投放时间及频次，把握好节奏；短视频创作者还要熟知各个平台的推荐规则，同时要积极寻求商业合作、互推合作等来拓宽短视频的曝光渠道，以增加流量。

短视频发布完成后，短视频创作者要想脱颖而出，还必须做好运营工作。短视频的运营不是一朝一夕的事情，必须进行合理的规划才能确保方向无误。优质的短视频创作者必须明确目标受众，确定用户的需求，找到合适的短视频展现形式，并能够不断地找到优秀的选题。只有做好这些工作，短视频才能在较短的时间内打入新媒体市场，迅速地吸引受众，进而提高短视频创作者的知名度。

🔍 **提示与技巧**

一个经过周密策划、精心拍摄、精良制作的优质作品，虽然具有很好的潜力，但是如果没有合适的发布渠道，也许只能达到播放量还不错的效果，而不能达到让网络上的人们争相观看和转发的效果。

1.4　短视频的拍摄工具

正所谓"工欲善其事,必先利其器",拍摄短视频亦是如此。下面介绍短视频的拍摄工具,包括手机自带的相机、单反相机、短视频 App 等。

↘ 1.4.1　手机自带的相机

网络视频之所以吸引人,是因为其除了有精彩的内容,还有可以媲美电影大片的呈现效果。对不是专业人士的普通人来讲,拍摄短视频最简单的工具就是一部可以拍摄短视频的智能手机。现在智能手机的拍摄功能十分强大,使用智能手机也可以轻松拍摄出精彩的短视频。需要注意的是,尽量选择像素比较高的智能手机进行拍摄。图 1-12 所示为使用小米手机自带的相机拍摄短视频。

扫一扫

短视频的拍摄
工具

图 1-12　使用小米手机自带的相机拍摄短视频

↘ 1.4.2　单反相机

随着短视频越来越火爆,使用智能手机拍摄短视频已经无法满足专业创作人员的需求。而单反相机拥有强大的视频拍摄功能,因此越来越多的人开始使用单反相机进行高质量视频的拍摄,如图 1-13 所示。

单反相机与一般的摄像机和智能手机相比,在拍摄视频方面有一定的优势。

（1）镜头丰富。不同的镜头会产生不同的视觉效果,单反相机丰富的镜头能够满足不同拍摄者的创作需求。例如,拍摄者要拍摄宽阔的画面,

图 1-13　使用单反相机拍摄短视频

可以用广角镜头;拍摄者要拉近远距离的拍摄对象,可以用长焦镜头等。

（2）感光元件大。感光元件决定画面的质量。具有较大感光元件的单反相机拍摄的视频

的画面能够反映出更多细节，如高光下和背光处的细节，而且画面更加细腻，画质也更好。

（3）色彩表现力强。单反相机在色彩的控制方面表现更为优秀，用其拍摄的视频不仅画面细腻，而且色彩逼真。这是一些摄像机和智能手机难以达到的。

（4）虚化效果好。在拍摄视频时，有时为了突出被摄主体，需要对背景进行虚化，而单反相机的大光圈、长焦距等特点正好能够满足这一需求。

1.4.3 短视频 App

除了可以使用手机自带的相机和单反相机拍摄短视频，还可以使用功能强大的短视频 App 拍摄极具创意的短视频。市场上的短视频 App 多达上百个，常见的有抖音、快手、小红书、秒拍等，如图 1-14 所示。

图 1-14　常见的短视频 App

例如，在手机中打开快手 App，进入首页，点击下方的"+"按钮，进入拍摄界面，点击下方的红色圆圈，即可开始拍摄视频，如图 1-15 所示。

图 1-15　快手 App
拍摄界面

1.5　短视频的编辑与制作工具

编辑与制作短视频时，一款好用的短视频编辑与制作工具往往能在很大程度上提高工作效率和提升短视频的质量。下面介绍一些编辑与制作短视频常用的工具，包括 Premiere、剪映、抖音等。

1.5.1　Premiere

Premiere 是 Adobe 公司推出的一款视频、音频编辑软件，提供了采集、剪辑、调色、美化音频、字幕设计、输出、DVD 刻录等一整套流程，深受广大视频、音频制作爱好者的喜爱。Premiere 作为功能强大的视频、音频编辑软件，被广泛地应用于电视节目制作、广告制作及电影剪辑等领域，可协助用户更加高效地工作。图 1-16 所示为使用 Premiere 编辑视频。

Premiere 的主要功能如下。

（1）剪辑视频，把一段视频或多段视频修剪、拼接成一段完整的视频；也可以剪下电影的一个片段，或把一部电影剪辑成只有几分钟的视频。

图 1-16　使用 Premiere 编辑视频

（2）为视频添加各种字幕，如对白字幕、贴图文字等。

（3）简单地抠像，如抠纯色绿幕背景，抠简短、简单的动作等。

（4）给视频调色，替换颜色、修改色相和饱和度，突出颜色、亮度等。

（5）调节画面的平面运动，如调节画面的移动、远近、旋转、翻转、透明度、关键帧运动、多镜头表现等。

（6）添加各种效果，如模糊、羽化、镂空、叠加、扭曲、花式转场等。

1.5.2 剪映

剪映是一款视频编辑工具，用户使用剪映能够轻松地对短视频进行各种编辑和制作，包括卡点、特效制作、倒放、变速等。用户还可以通过剪映直接将剪辑好的短视频发布至抖音，非常方便。图1-17所示为剪映App界面。

剪映作为简单、易上手的短视频后期剪辑App，可以让零基础的"小白"以较低的学习成本制作出同样精彩的短视频。

因为剪映易上手且功能强大，所以它成了目前主流的、更适合大众使用的短视频后期剪辑App。剪映的特色如下。

（1）专业风格的滤镜，让短视频不再单调。

图1-17 剪映App界面

（2）精致、好看的贴纸和字体，给短视频增加了乐趣。

（3）抖音独家曲库中的海量音乐让短视频更"声"动。

（4）分割、变速、倒放等功能简单易学，帮助用户记录每个精彩瞬间。

1.5.3 抖音

随着短视频行业的快速发展，短视频App不仅在数量上呈现指数级增长趋势，并且在功能上有了很大的创新和进步。在众多短视频平台中，抖音凭借着其新鲜、有趣的内容及众多创意玩法，收获了庞大的用户群体，并逐渐成为大众所熟知的短视频头部平台。

抖音这一短视频App具备多种拍摄短视频的功能，而且自带的编辑功能也十分强大，能够让短视频创作者方便地拍摄和制作精彩的短视频。图1-18所示为抖音的短视频编辑功能。

图1-18 抖音的短视频编辑功能

【思考与练习】

一、填空题

（1）按照生产方式，短视频可以分为＿＿＿＿＿＿、＿＿＿＿＿＿、＿＿＿＿＿＿这3种类型。

（2）按照平台的特点和属性，短视频渠道可以分为五种类型，分别是＿＿＿＿＿＿、＿＿＿＿＿＿、＿＿＿＿＿＿、＿＿＿＿＿＿、＿＿＿＿＿＿。

（3）常见的短视频平台包括＿＿＿＿＿＿、＿＿＿＿＿＿、＿＿＿＿＿＿、＿＿＿＿＿＿等。

（4）短视频常用的编辑与制作工具包括＿＿＿＿＿＿、＿＿＿＿＿＿、＿＿＿＿＿＿等。

二、选择题

（1）（ ）指专业生产内容，通常独立于短视频平台，旨在为用户提供更专业的内容，以吸引更广泛的潜在用户的关注。

    A. PGC   B. UGC   C. PUGC   D. PUC

（2）下面哪一项不是短视频的特点？（ ）

    A. 互动性强   B. 时间较长   C. 制作简单   D. 短小精悍

（3）（ ）是"种草"平台，具有很强的社交"种草"和发布笔记的"基因"，主要以图片和照片的形式记录生活和分享日常。

    A. 微信视频号   B. 抖音   C. 小红书   D. 快手

（4）关于短视频的说法不正确的选项是（ ）。

    A. 未来的短视频只有制作精良、内容优质，才能吸引更多的用户观看

    B. 内容越全面的短视频越能够被更精准地推荐给潜在用户

    C. 抖音采用去中心化的分发逻辑

    D. 短视频创作者要熟知各个平台的推荐规则

三、思考题

（1）短视频的发展趋势是怎样的？

（2）短视频有哪些常见的类型？

（3）编辑与制作短视频的常用工具有哪些？

（4）短视频的拍摄与制作基本流程是怎样的？

四、实操训练

分别下载和安装快手、抖音、小红书等App并熟悉其基本操作，具体任务如下。

（1）下载和安装这些App，打开并熟悉其界面。

（2）使用这些App拍摄短视频，并发布短视频。

（3）结合你所了解到的信息，对比各个平台的差异。

第 2 章
短视频筹备与策划

短视频编辑与制作的重要一步就是短视频筹备与策划。短视频创作者只有做好短视频筹备与策划，才能在进行短视频运营时做到有的放矢，也才能使后续的短视频推广事半功倍。总之，只有满足用户需求的内容才有价值。本章主要内容包括筹备短视频拍摄与制作团队、短视频的定位、确定短视频的展示形式、短视频选题策划、短视频脚本策划等。

【学习目标】

➢ 熟悉并掌握短视频拍摄与制作团队的筹备。
➢ 熟悉短视频的定位。
➢ 熟悉短视频的展示形式。
➢ 掌握短视频选题的策划。
➢ 掌握短视频脚本的策划。

【导引案例】为什么你做的短视频火不起来

近年来，各类短视频平台如雨后春笋般涌现了出来。在这个快节奏的社会下，短视频凭借其独特的趣味性和丰富的表现形式，以及多元化的内容赢得了大量年轻人的喜爱，成为新媒体时代的发展潮流。但是，为什么你做的短视频火不起来呢？下面就来分析其中的原因。

1. 短视频的账号定位问题

一定要记住短视频的账号定位是非常重要的。短视频的账号定位需要重点考虑 3 个要素：自身分析、用户画像、竞品分析。只有账号定位准确，才能有效地发挥出短视频创作者的优势，进而获得更多流量。

2. 短视频的内容问题

清晰的账号定位是短视频的前提条件，而高质量内容就是短视频的中坚基础。什么样的内容才能算是高质量呢？高质量的内容需要考虑的就是方向和类目。方向一般就是确定所做的短视频的领域，比如教育、游戏、娱乐、汽车、旅游、媒体、互联网、建筑、风景等。类目一般有搞笑、喜剧、情感、测评、解说、干货、励志、剧情、Vlog 等。

3. 短视频的活跃度问题

对新账号而言，短视频创作者需要选择感兴趣的领域，并在这个领域里关注同类账号，然后评论、点赞同领域里面的活跃账号。刷视频的时候需要浏览完毕，也就是保持一定的观看时长与完整性，让平台认定账号的活跃性；刷同类视频被系统默认且打好标签后，短视频创作者需要做的就是定时更新、持续更新这一领域的相关作品，使系统认定你的活跃度与创作能力。

思考与讨论

（1）短视频火不起来的原因有哪些？

（2）你所了解到的短视频拍摄制作团队由哪些人员组成？

2.1 筹备短视频拍摄与制作团队

无论是个人还是商家，要想真正做好短视频拍摄与制作，组建团队都是非常必要的。下面介绍短视频拍摄与制作团队人员的基本要求和团队岗位设置与职责。

2.1.1 团队人员的基本要求

短视频团队需要完成脚本创作、拍摄和剪辑等工作，而团队成员也应该具备以下基本工作能力。

1. 内容创作能力

短视频的内容是其核心竞争力，内容创作是创作短视频时的主要工作之一。如何制作出有创意、有看点，且能吸引用户注意力的内容是短视频团队需要重点考虑的问题。

短视频团队成员要懂得用清晰、简单、直接的语言，采用用户乐于接受的方式，准确地向用户传达有价值的信息。此外，短视频团队成员还要具备优秀的内容创作能力，知道用户对哪些内容感兴趣，能够通过数据分析获取用户感兴趣的内容类型，能够把控用户对短视频内容的视听体验，有良好的视觉、听觉审美，能够将内容以合理的表现形式传达给用户。

2. 职业工作能力

大多数短视频创作的预算不多，所以，团队中每个成员都需要负责多项工作并掌握多项技能，如视频拍摄和剪辑能力、学习能力和自我心理调节能力等。

（1）视频拍摄和剪辑能力：短视频团队成员需要熟练掌握短视频拍摄、剪辑等技能，能够制作高质量的短视频内容。例如，短视频团队成员能够使用手机、数码相机或摄像机进行拍摄，能够使用 Premiere、剪映或爱剪辑等软件对短视频进行简单的处理，并能将短视频发布到短视频平台等。

（2）学习能力：短视频的发展速度很快，各种知识的更迭也很快，因此需要每一位从事短视频创作的团队成员不断在自己从事的领域内摸索、创新，不断学习、进步和突破。短视频团队成员需要有创意思维，能够快速想出有趣、新颖的短视频内容，并且能够让用户产生共鸣。

（3）自我心理调节能力：短视频团队成员需要具备较强的自我心理调节能力，能够自己疏解内心的苦闷，缓解精神压力，甚至在被用户和粉丝误解和谩骂时，能够通过自我暗示来鼓励自己，使自己以最佳的心理状态和积极向上的精神风貌投入工作中。

3. 运营推广能力

短视频团队成员必须具备运营推广能力，运营推广能力包括营销策划能力、运营能力、数据分析能力、社交能力、合作能力、执行能力 6 个方面。

（1）营销策划能力：短视频团队成员需要具备一定的营销策划能力，能够制订合适的推广计划，吸引更多的用户观看短视频。

（2）运营能力：运营能力是指根据各个短视频平台的推荐机制，形成一套自己的短视频推广方案并进行推广，增强用户对短视频账号的认知度，扩大传播范围的能力。短视频团队成员必须了解各个短视频平台的规则和使用技巧，熟悉各个短视频平台的用户群体和内容特点。

（3）数据分析能力：短视频团队成员能够对短视频数据进行分析，了解粉丝的需求和兴趣，根据数据进行短视频内容的制作和推广。短视频生产的整个过程都离不开数据的支持，用数据分析指导内容方向，明确拍摄与剪辑的侧重点，确定发布时间，调整运营工作的重心，这些是短视频团队成员制作短视频需具备的基本能力。

（4）社交能力：短视频合作需要短视频团队成员收集较多的用户反馈信息，在该过程中会产生人际交往活动，因此要求团队成员具备一定的社交能力。

（5）合作能力：短视频团队成员需要具备团队协作和沟通能力，能够和其他成员合作，协调各方面资源。这样可以使团队氛围更融洽，避免因沟通障碍出现过多返工情况，从而节约时间，减少成本，并提升内容质量和生产效率。

（6）执行能力：短视频合作需要短视频团队成员以一个参与者的身份参与到整个运营活动中。例如，短视频团队成员与用户沟通，把自己当成用户，引导用户形成正面的反馈。在这个过程中，短视频团队成员需要有较强的执行能力，否则无法应对大量的用户。

↘ 2.1.2 团队岗位设置与职责

短视频团队要想完成一个专业水平的短视频作品的制作，需要设置表 2-1 所示的短视频拍摄与制作团队的岗位与职责，并明白每个岗位的职责。从经济角度考虑，很多职能团队可以重复使用，组合成完整的视频内容创作团队。

表 2-1 短视频拍摄与制作团队的岗位与职责

岗位	职责
导演	导演是统领全局的职能角色，主要对短视频的风格、内容方向，以及内容和脚本进行把关，并参与拍摄和剪辑环节的工作
编剧	编剧的主要工作是根据短视频内容的类型和定位，收集、筛选和确定短视频的选题，搜寻热点话题并撰写短视频脚本
摄影师	摄影师通过镜头完成导演规划的拍摄任务，搭建摄影棚，以及确定短视频的拍摄风格等，并给剪辑师留下好的原始素材，节约大量的制作成本，更好地达到拍摄目的
剪辑师	剪辑师需要对拍摄的素材进行选择与组合，舍弃一些不必要的素材，保留精华部分；剪辑师还需要利用视频剪辑软件为短视频添加配乐、字幕文案、特效，以及为短视频调色。后期制作是将杂乱无章的片段进行有机组合，形成一个完整的作品
运营人员	获得最大的内容和栏目曝光率、选择平台渠道、管理用户等都是运营人员要负责的工作，运营人员还要尽可能提高短视频的完播量、点赞量和转发量等，进行用户反馈管理、维护以及评论维护
演员	演员需要打造具有特色的人物形象，从而加深用户的印象；演员还需要按照短视频脚本设定的人设进行表演。很多时候，短视频团队成员也可以充当演员的角色
辅助人员	辅助人员主要是指灯光师、配音师、录音师、化妆师和服装道具师等，这些岗位通常只在预算比较充裕的短视频团队中出现，其主要工作是辅助拍摄和剪辑，提升短视频的质量

2.2　短视频的定位

短视频创作者要想在激烈的竞争中获胜，需专注于一个领域发展，然后通过用户定位和内容方向定位，做好短视频的定位。

↘ 2.2.1　用户定位

用户是短视频创作的基础，短视频创作的前提是获得用户的喜爱，所以要先做好短视频的用户定位。

1. 用户信息数据

用户信息数据是指短视频用户在网上观看和传播短视频的各种数据。通过收集这些数据，运营者可以归纳出短视频用户的特征属性。进行短视频用户定位、构建用户画像的第一步是对用户信息数据进行分类。用户信息数据分为静态信息数据和动态信息数据两大类，如图 2-1 所示。

静态信息数据是进行用户定位、构建用户画像的基本框架，展现的是用户的固有属性，一般包含社会属性、商业属性和心理属性等。这些信息的收集一般无法穷尽，只要选取符合需求的即可。

图 2-1 用户信息数据分类

动态信息数据是指用户的网络行为数据，展现的是用户的偶有属性，一般包括消费属性和社交属性等。这类信息的选择也要符合短视频的内容定位。

常见的用户信息数据如下。

（1）用户规模。用户规模是指某个行业、领域中用户的数量。用户规模越大，说明该行业、领域的商业赢利能力和发展潜力越大。

（2）日均活跃用户数量。日均活跃用户数量通常用于统计一日之内登录或使用某个平台的用户数（去除重复登录的用户）。在短视频领域，日均活跃用户数量是短视频平台的每日活跃用户数量的平均值，能够反映短视频平台的运营情况、用户的黏性。

（3）使用频次。使用频次是指使用短视频平台的频率和次数。根据这个数据能够判断用户对短视频平台的喜爱程度和对短视频的关注程度。

（4）使用时长。使用时长是指短视频平台程序界面处于前台激活状态的时间，通常以日使用时长为单位。

（5）性别分布。性别分布可以反映不同性别的用户对短视频的关注程度和喜爱程度。男女的爱好存在一定的差异，比如在内容上，女性更喜欢美食、娱乐、美妆，而男性则相对更喜欢军事、财经、科技、游戏等，这就为短视频创作者策划短视频提供了指引。

（6）年龄分布。年龄分布可以反映不同年龄的用户对短视频的偏好和认知程度。不同年龄的用户所关心的重点往往大相径庭，所以短视频创作者输出的内容要迎合目标用户的喜好。

（7）地域分布。通过地域分布可以分析不同省区市的用户规模。在地域属性中，城市属性十分关键，一、二线城市的用户更愿意为有附加值的服务付费，三、四线城市的用户更喜欢实际优惠，如发放赠品的小活动、抢红包等。

（8）活跃度分布。活跃度分布可以反映用户的黏性。活跃度分布可以按一天 24 小时进行数据统计，也可以按工作时间和节假日的不同时间段进行数据统计。

（9）教育背景。一般来说，受教育程度高的用户对内容的要求比较高。

（10）行业特征。用户的行业特征应该从两个层面进行关注：一是用户的生活习惯以及思维方式，二是用户所喜欢的行业具有什么特征。

2. 获取用户信息

要想获取用户信息，短视频创作者需要对数以千计的样本数据进行统计和分析。由于用户的基本信息重合度高，为了节省时间和精力，短视频创作者可以通过相关工具（如灰豚数据、飞瓜数据、卡思数据、蝉妈妈等）分析竞品账号数据来获取用户的静态信息数据。

这里以通过灰豚数据获取用户的静态信息数据为例。灰豚数据是短视频领域专业的数据分析平台，可提供全方位的数据查询、用户画像和视频监测服务，从而为短视频创作者在内容创作和用户运营方面提供数据支持。我们下面介绍如何通过分析竞品账号数据来获取用户的静态信息数据。

打开灰豚数据网站，首页根据不同平台分为抖系版、老铁版、红薯版等。进入灰豚数据抖系版，单击"热门视频搜索"按钮，选择其中一个类别，这里选择"美食"类别，如图 2-2 所示。

选择其中一个博主，单击博主头像即可查看数据概览、素材拆解、观众分析、评论分析、引流直播间分析等。图 2-3 所示为数据概览，图 2-4 所示为数据趋势。

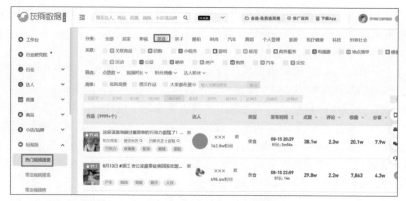

图 2-2　选择"美食"类别

图 2-3　数据概览

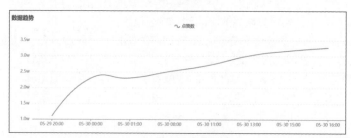

图 2-4　数据趋势

　　用户的静态信息数据除了可以使用灰豚数据收集，也可以使用飞瓜数据、新抖、卡思数据等数据平台收集。如果短视频创作者只了解用户信息数据，还不能全面了解用户，应该将用户信息融入一定场景，这样才能更加具体地体会用户的真实感受，还原用户形象。短视频创作者要确定用户的使用场景，可以使用经典的"5W1H"法，如表 2-2 所示。

表 2-2　"5W1H"法

要素	含义
Who	短视频用户
When	观看短视频的时间
Where	观看短视频的地点
What	观看什么样的短视频
Why	某项行为（如点赞、关注和评论等）背后的动机
How	与用户的动态和静态场景相结合，洞察用户使用的具体场景

3. 形成用户画像

在分析和获取用户信息后，短视频创作者就可以将这些信息整理成一个完整的短视频用户画像。这里的用户画像其实就是根据用户的属性、习惯、偏好和行为等信息抽象描述出来的标签化用户模型。短视频创作者对这些用户模型进行分析，找出其中共同的典型特征，再细分成不同的类型。构建好用户画像以后，短视频创作者就可以充分了解用户的需求，并在此基础上进行内容的输出和营销策略的制定了。

分析完用户信息后，短视频创作者就可以构建出大概的用户画像，如某搞笑类短视频账号的用户画像，具体如下。

➢ 性别：女性占比为60% ~ 70%，男性占比较少。
➢ 年龄：16 ~ 17 岁用户占比约为10%，18 ~ 24 岁用户占比约为42%，25 ~ 30 岁用户占比约为38%，30 岁以上用户占比约为10%。
➢ 地域：北京、上海、广东、浙江的用户占比最高。
➢ 婚姻状况：未婚者占绝大多数。
➢ 最常使用的短视频平台：抖音。
➢ 使用频率：一天 3 ~ 4 次。
➢ 活跃时段：7:00—9:00、12:00—13:00、19:00—22:00。
➢ 使用地点：家、公司、学校。
➢ 感兴趣的搞笑话题：推送到首页的各类搞笑短视频。
➢ 什么情况下关注账号：账号持续输出优质内容。
➢ 什么情况下点赞：内容搞笑且不低俗。
➢ 什么情况下评论：内容引起共鸣。
➢ 什么情况下取消关注：内容质量下滑，账号停更。
➢ 用户其他特征：喜欢新鲜事物，生活压力大。

2.2.2 内容方向定位

不少曾经广受欢迎的短视频账号现在已经无人问津了，为什么会出现这种情况呢？因为这些短视频创作者都忽略了一个重要的问题，那就是内容方向定位。短视频内容方向定位越清晰，短视频创作者在运营短视频的时候才会越轻松。

1. 定位清晰垂直

短视频分为综合性短视频和垂直性短视频两大类。综合性短视频涵盖的领域较多，流量也较大，但变现能力比较差。垂直性短视频指的是在某一领域有非常强的专业性的短视频，如汽车类短视频、教育类短视频、美食类短视频等。

一个短视频账号最好只定位一个领域的内容，做到深度垂直。比如，会唱歌跳舞，可以定位为才艺达人；会做饭，可以定位为美食达人；如果是行业专家，可以定位为行业"大咖"；会搞笑，可以定位为"段子手"等。

短视频创作者做好垂直定位之后，接着就是创作深度内容，持续更新，并且只更新与当前定位领域相关的内容。这样运营起来会更轻松，操作门槛相对较低，也更有利于涨粉、引流、变现。现在短视频平台很重视垂直类的内容，因此短视频内容方向的定位一定要清晰、垂直，切忌什么都做。做好定位后，短视频创作者坚持不断地优化内容就成了关键。图 2-5 所示为某美食类短视频账号主页及其发布的短视频截图，这样的定位就比较垂直。

同样有 100 万粉丝的综合抖音账号和垂直细分抖音账号，在广告报价上综合抖音账号为几千元至几万元，垂直细分抖音账号在几万元到 10 万元，从每月的商业收入来看，垂直细分抖音账号的收入往往会高出综合抖音账号几倍左右。由此可见，在拥有相同粉丝数量的情况下，垂直细分抖音账号的商业价值更高。综合内容的特点是普适性强，传播力强，观看这些内容是大家消磨时间的共同选择。垂直细分领域内容的特点表现在，每个领域的内容差异性强，每个领域的用户都至少有一个共性标签。短视频内容方向定位越精准、越垂直，用户定位就越精准，获得的精准流量就越多，变现也就越轻松。

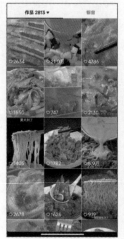

图 2-5　某美食类短视频账号主页及其发布的短视频截图

2. 锁定擅长领域

想要让短视频持续火热，短视频创作者要先客观地审视自己，锁定自己擅长的领域。锁定自己擅长的领域有以下 3 种方法可供参考。

（1）梳理出自己最喜欢或最擅长的领域。

有些人喜欢的领域有很多，如旅游、美术、音乐、舞蹈、美食等，但想让短视频持续火热，就应从中找到自己最喜欢的领域。好好审视自己，梳理出自己做过的、被别人赞扬最多的事情，这些事情所属的领域很可能就是能体现你的天赋的领域。

（2）明确自己全身心投入、忘却自我去做的事情。

一件事只有你去做了，才知道你是不是真的喜欢和擅长。如果你全身心投入、忘我地做了某件事情，那么，这件事情所属的领域可能就是最适合你的。

有的短视频博主舞蹈跳得特别好，无论是在舞蹈室还是在休闲广场，有时候一跳就是几个小时，而且每天都坚持发短视频。这样的博主自然会得到用户的喜爱，因为跳舞就是他的专长。

（3）找准自己的天赋。

每个人的时间和精力有限，你在能施展自己天赋的领域发展会让你更容易获得成功。简单来说，就是做一件事要有悟性，别人可能 10 天还不一定能做好，而你只需两天就能做得比别人好。

3. 体现自我优势

在短视频平台上，粉丝数量超过百万的大号有很多。作为一个新手，该如何引流呢？想要在短视频平台中迅速引流，短视频创作者必须要利用知识的垂直精细化和相对稀缺的技能建立自己的壁垒，做到差异化。了解自己的账号与其他账号的区别，体现自己的优势，这样才能脱颖而出。

（1）分析短视频平台大号，找到差异化切入点。

找到那些受欢迎的短视频平台大号，分析他们的短视频为什么能火，找出他们的特点和优势。

图2-6所示为某测评类抖音账号发布的短视频，该博主的职业背景是国际化学品法规专家，有多年出入境检验检疫局实验室检测工作的经验。该博主在短视频中用科学的方法分析一些热门护肤品、化妆品、食品的成分表等，最终选出一些推荐品牌。该博主利用自己的专业背景、科学的检测仪器、透明的检测结论，为这个抖音账号的内容增加了可信度，同时建立了自己的壁垒，做到了差异化。

（2）根据品牌文化创作短视频。

企业在短视频平台发布短视频时，想要用差异化内容吸引粉丝，就必须根据品牌文化制订长远的推送计划。深挖品牌元素，通过短视频平台唤醒品牌影响力成为众多品牌的新诉求，这是目前不少正处于品牌成长期的企业想要尝试的方向。

为了吸引用户，增强用户黏性，某品牌手机根据自己的品牌文化做了一个抖音账号，如图2-7所示。该品牌通过短视频平台发起"HONOR MY WORLD"话题活动（见图2-8），根据点赞量与作品质量，为前10名用户各送出新品手机一台。话题活动发起短短几天，就吸引了几万人参与，视频总播放量高达119.5亿次。

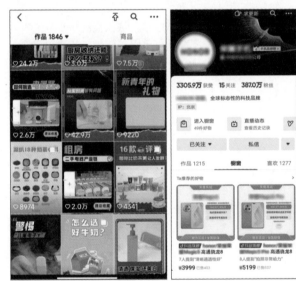

图2-6　某测评类抖音账号发布　　图2-7　某品牌手机的　　图2-8　发起话题活动
　　　　的短视频　　　　　　　　　　抖音账号

4. 坚持内容原创

很多短视频创作新手为了省事，经常搬运别人现有的短视频内容，事实证明效果非常差。他们即使积累了一定量的粉丝，也难以拥有自己的核心竞争力，而且粉丝没有很强的黏性，进而会影响后期的变现。短视频运营要想走得更远，最重要的还是依靠原创，只有拥有原创力，才能比别人走得稳、走得长。

比起其他方式，原创有以下3点好处。

（1）原创的利润高。

图 2-9　某面食制作类抖音账号主页及其发布的
原创内容

（2）原创没有风险。

（3）原创成功的机会大。

图 2-9 所示为某面食制作类抖音账号主页及其发布的原创内容，该博主发布的短视频主要是教粉丝怎么制作各种花式面点，没有进行剪辑包装，但内容实用、清晰，短时间内粉丝数就超过了 120 万。许多短视频博主不能坚持原创内容，主要有以下 3 个原因。

a. 制作出来的短视频与期望差距很大。

b. 现有资金难以支撑持续的原创内容输出。

c. 选题难，没有新意。

那么，短视频创作者如何才能解决这些问题呢？

针对 a 点，短视频创作者要不断优化自己的作品，精益求精，不要急功近利，不要随手拍完就发布到平台上。

针对 b 点，短视频创作者要及时做好变现，可以接一些广告或卖商品等。

针对 c 点，短视频创作者要站在粉丝的角度选择选题，可以与当前热点事件结合。

 素养课堂

做短视频要严守道德底线，抵制不健康内容

短视频平台会使用设定好的系统对新投放的短视频进行初审。系统会通过大数据分析，设置一些敏感词汇检测，保证短视频中不会出现违规、低俗等内容。这属于系统性风险检测，是一个绝对硬性的指标，也是短视频创作者不能触碰的底线。

当内容不符合平台规范时，短视频将被退回不予收录，或被限制推荐（限流），严重者会被封号。常见的违规问题包括低俗、虚假、传播负能量等。上传的短视频如果包含敏感或禁忌内容（包括文字、话题等），就会被系统识别并退回。除了检测内容，有的短视频平台还会检测音乐。

具体来说，短视频创作者要自觉抵制下列内容。

（1）含有违禁物品元素的内容，如易爆物品、管制刀具、违法药品等。

（2）恶意曝光他人隐私，包括他人电话号码、地址、二维码、微信号等，未经他人允许盗用他人作品。

（3）传播封建迷信的内容，如算命算卦、宣传伪科学或违反科学常识的内容、发布违法信息、参与赌博非法集资等违法行为。

（4）拒绝低俗色情内容，衣着不得体，穿的透视内衣内裤清晰可见，洗澡后裹着浴巾无其他遮挡，为了展示敏感部位故意穿紧身衣物，或对敏感部位打马赛克。

（5）低俗行为，男女过分亲密，以展示成年女性敏感部位为目的的自拍、他拍；故意特写嘴部等的诱惑动作，为展示胸部在舞蹈或运动过程中故意大幅度抖动。

（6）视频中存在抽烟、出轨、家暴、炫富、歧视、虐待等社会不良风气或不文明行为，涉及不良习惯、不文明行为以及不正确的价值观导向等有违社会良好风尚的内容。

2.3　确定短视频的展示形式

短视频的展示形式主要有图文形式、录屏形式、解说形式、情景剧形式、Vlog形式和模仿形式。

扫一扫

确定短视频的
展示形式

2.3.1　图文形式

图文形式是短视频最简单、成本最低的展示形式之一。单纯的图文形式是将单张或多张图片合成一个视频，图片中涵盖信息量较多，适合干货知识分享、系列好剧推荐、好物推荐等。这种形式的短视频虽然制作流程简单，容易操作，但如果图片选择不当，就会导致呈现出来的视觉效果较差，容易让人感觉枯燥。

这种短视频一般没有主人公，就是简单地把要表达的信息以文字的形式放在图片或视频中，以传递价值观或展示情感。在抖音、快手、小红书等平台上，有许多以图文拼接形式展示的短视频，图文形式的短视频截图如图2-10所示。图文形式的短视频制作简单、适合新手，而且时长普遍较短，相比其他展示形式的短视频更易获得较高的完播率。

2.3.2　录屏形式

录屏形式的短视频截图（见图2-11）多出现在教学类短视频或实操类短视频中，就是通过录屏软件把计算机上的一些操作过程录制下来，在录制过程中可以录音，最终将内容导出为视频格式的文件。一些教学课件或者操作说明等经常采用这种形式。

这种形式会吸引很多喜欢的人群来观看学习，从而体现短视频内容的输出价值。不过，此类短视频不容易获得平台的推荐。

这种形式的短视频制作起来比较容易，经过简单的学习之后，每个人都可以轻松上手。

2.3.3　解说形式

解说形式是短视频运用较多的一种展示形式。解说短视频是被短视频平台认可和支持的短视频，由短视频创作者搜集视频素材并进行剪辑加工，然后配上片头、片

图2-10　图文形式的短视频截图

图2-11　录屏形式的短视频截图

图 2-12　解说形式的短视频截图

尾、字幕和背景音乐等，最重要的是添加配音解说。优质的解说短视频可以申请短视频原创，但平台会对解说短视频的一些素材进行审核，搜集的素材很容易被审核为重复素材，不容易获得平台的推荐。

解说短视频重点考验创作者的剪辑、脚本创作和配音水平，所选择的素材需要适合所选的短视频领域，这样才能获得平台的推荐，吸引更多粉丝关注。图 2-12 所示为解说形式的短视频截图，在制作美食类短视频时，短视频创作者要向受众讲述某道美食的由来、做法、味道及品尝后的感受等，受众通过短视频只能看到美食的外观，这时就需要通过解说使其感受到美食的魅力，让受众产生想要品尝的冲动。

解说短视频通过声音的传递和直观画面的吸引，很容易触发受众的情绪，达到与受众心灵沟通的效果，关注、点赞和评论就会源源不断。解说形式相比其他展示形式能更直观、全面地让受众了解内容，更适合专业性较强的账号。

↘ 2.3.4　情景剧形式

情景剧形式就是通过表演把想要表达的核心主题展现出来，常见的情景剧类型主要分为情感类、搞笑类、剧情类等，图 2-13 所示为情景剧形式的短视频截图。

情景剧短视频对演员、拍摄设备、视频脚本、拍摄场景等都有一定的要求，具有耗费时间长、制作成本高的特点。后期还要进行剪辑，既要保证短视频的连贯性、完整性，还要添加字幕，进行特效处理等。

情景剧短视频一般有情节、有人物、有条理，能够清晰地表达主题，很好地调动受众的情绪，引发情感共鸣。因此一个精心准备的情景剧短视频往往能有意想不到的流量收获，比其他展示形式的短视频更能留住粉丝。例如，其剧情能够带给受众跌宕起伏的感觉，充分调动受众的情绪，吸引其不断地观看，以轻松、幽默的内容风格收获大批粉丝。如果资金、人力等条件允许，短视频创作者可以考虑拍摄这种很受欢迎的情景剧形式的短视频。

图 2-13　情景剧形式的短视频截图

↘ 2.3.5　Vlog 形式

Vlog 即视频博客，是最近比较火的一种视频形式，主要记录日常生活、工作、学习、旅游等场景，通过对不同群体细微生活场景进行记录来满足用户的好奇心。随着短视频的兴起，越来越多的人开始拍摄自己的 Vlog，就像写日记一样，只不过是以视频的形式来展现的。

Vlog 内容的表现形式也是非常广泛的，不仅仅局限于特定的生活范围，可以围绕我们自己擅长的领域去创作主题。图 2-14 所示为旅游 Vlog 短视频截图。

此类短视频有着快节奏的剪辑、炫酷的转场和巧妙的情节设计，很容易抓住大众的眼球，受到大众的喜爱。相比传统的记录生活的 Vlog，这些短视频爱好者所拍摄的 Vlog 逐渐向微电影过渡。他们制作的短视频不仅具有超高的画质和丰富多彩的镜头剪辑手法，还有非常成熟的拍摄构思，这些都是微电影的显著特点。拍摄此类短视频，关键在于要有主题，而且要主次分明、重点突出，不能像记录流水账一样。此外，短视频创作者在拍摄这类短视频时要多运用一些专业的拍摄技巧。

↘ 2.3.6　模仿形式

在短视频平台中，一个常态化的现象就是一旦某个题材的短视频爆火之后，就会有很多人竞相模仿，分享这个题材带来的热度。短视频创作新手由于创意

图 2-14　旅游 Vlog 短视频截图

有限，还不具备创作原创内容的能力，所以可以通过模仿来积累创作经验。通过模仿甚至可以创作出比原视频更具创意的短视频，这是一种帮助短视频创作者快速找到内容创意方向、实现快速引流的有效方法。模仿又分为随机模仿和系统模仿。

1. 随机模仿

随机模仿是指短视频创作者发现哪条短视频比较火爆，就参考该条短视频拍摄同类型的短视频。例如，"变装"短视频因变装前后的巨大反差给用户带来直接的即时视觉刺激而在抖音上快速走红，因此有不少短视频创作者开始模仿创作此类短视频。

2. 系统模仿

系统模仿是指短视频创作者寻找一个与自己短视频账号运营定位相似的账号，对其进行长期的跟踪与模仿。短视频创作者要先分析该账号中短视频的选题方向、拍摄手法、运营策略等，然后将其运用到自己的短视频创作中，进行模仿拍摄。在模仿时，短视频创作者可以加入一些新的创意，从而形成自己的风格。

例如，某短视频账号的运营风格就是运用各种特效场景，由此，吸引了其他短视频创作者纷纷研究和模仿，模仿形式的短视频截图如图 2-15 所示。

图 2-15　模仿形式的短视频截图

🔍 **提示与技巧**

　　无论采用哪种形式，都要从成本、自身条件等多个方面进行综合考量，重要的是要敢于踏出第一步，不断实践，不断试错，积累经验，这样才能输出优质内容，打造出"热销款"视频。

2.4 短视频选题策划

短视频选题要以用户偏好为基础，在保证主题鲜明的前提下，为用户提供有价值的信息，这样才能获得更多用户的喜爱。短视频选题策划主要包括寻找选题的维度、选题策划的基本原则、切入选题的方法等。

扫一扫

短视频选题策划

↘ 2.4.1 寻找选题的维度

很多人在拍摄短视频时总是找不到选题思路，其实只要找到选题的维度，并根据维度拓展思路即可。选题包括 5 个维度，分别为人物、工具和设备、精神食粮、方式方法和环境。

1. 人物

人物主要涉及的信息包括属性、职业、身份、年龄和兴趣。短视频创作者可以把人物按照年龄或身份进行划分，如果目标用户是学生，那么短视频的内容就要引起学生的共鸣，短视频的主角也应是学生。

2. 工具和设备

确定好人物维度后，短视频创作者就要根据人物角色选择合适的工具和设备。例如，喜欢运动健身的人一般会用到跑步鞋、瑜伽垫等，爱好旅游的人一般会用到登山棍、太阳帽等。

3. 精神食粮

精神食粮主要包括书籍、电影、音乐、讲座、展馆、培训课程等。短视频创作者要分析目标用户喜欢什么书籍、电影、培训等，这样才能了解其需求，从而制作出符合其需求的短视频。

4. 方式方法

方式方法有瘦身方法、教育方法、美食方法等。例如，短视频中的主角是一位美食爱好者，可以尝试拍摄美食的制作方法。

5. 环境

短视频的剧情不同，环境也会发生相应的变化。常见的拍摄地点包括学校、商场、公园、办公室、餐厅等。

↘ 2.4.2 选题策划的基本原则

不管短视频的选题是什么，其内容都要遵循一定的原则，并以此为宗旨，落实到短视频的创作中。短视频选题策划的基本原则包括以下几个方面。

1. 站在用户的角度

短视频一定要以用户为中心，即内容不能脱离用户，应满足用户的需求。短视频创作者在策划选题时，要优先考虑用户的喜好和需求，这样才能够获得用户的认可。

2. 内容要有创意

平台上做得比较好的短视频有一个共性，即不管是内容还是形式，都十分新颖、有创意。

3. 内容要有价值

内容有价值的短视频是用户最喜爱的。短视频内容对用户有价值，满足了他们的需求，就能激发用户关注并点赞、评论，从而形成短视频的裂变式传播。

4. 结合行业或网络热点

短视频创作者要提升新闻敏感度，善于捕捉并及时跟进热点。结合热点制作出来的短视频可以在短时间内获得大量的流量和曝光量，从而快速提升短视频的播放量，吸引用户关注。

5. 远离敏感词汇

短视频平台都有对一些敏感词汇的限制。短视频创作者应多关注各平台的动态，了解各平台官方发布的一些通知，避免账号出现违规而被封禁的情况。

很多热点话题会涉及一些时政类内容，短视频创作者应尽量避开这些敏感话题，因为一旦观点内容尺度把握不好，就很容易陷入旋涡，甚至可能会带来封号的风险。

↘ 2.4.3 切入选题的方法

确定选题以后，短视频创作者可能会发现该选题与很多竞争账号中的内容相似。对于相似的选题，短视频创作者要选择不一样的切入点，以避免内容同质化，这样才能有机会制造热门话题，超越竞争对手。

短视频创作者在切入选题时，要注意以下几点。

1. 有效整合各种物质要素

短视频创作者创作短视频少不了资源方面的支持，如物力、财力、人力等物质要素。短视频创作者有效地整合这些物质要素，可以为短视频的创作提供极大的便利，否则会举步维艰。

2. 以兴趣为支撑

兴趣是最好的老师。如果短视频创作者对某一领域有着浓厚的兴趣和饱满的热情，那么这些就可以支撑其在该领域深耕，持续产出优质内容，深化内容的垂直性。不过，兴趣和专业不同，如果只有兴趣，没有专业能力，也无法保证短视频创作者能持续创作出优质的短视频。因此，短视频创作者要先对比同行的头部账号，分析其短视频内容的深度和价值属性，判断凭借自己的兴趣是否能够稳定而持续地产出优质短视频以及自己是否可以在选择的领域深耕下去。

3. 及时调整选题

短视频创作者在刚开始做短视频时，可能会有一段试错的路要走。一般来说，短视频创作者要先持续发布作品 10 天以上，并密切关注数据变化，以此来做预估和调整，然后判断是按照既定的选题做下去，还是调整选题方向或者内容形式。

在试错的过程中，短视频创作者要衡量短视频制作成本与短视频播放量、账户粉丝量的对比情况，从而把握账号内容的走向和市场情况，最后做出是否调整选题的决定。

2.5 短视频脚本策划

短视频脚本是短视频创作的关键，是短视频的拍摄大纲和要点规划，用于指导整个短视频的拍摄方向和后期剪辑，具有统领全局的作用。

↘ 2.5.1 脚本的定义

短视频脚本指拍摄短视频所依靠的大纲，是故事的发展脉络。短视频脚本相当于短视频的灵魂，有助于用户把握整个短视频的故事走向以及风格。短视频脚本包括故事发生的时间、地点、人物、台词、动作及情绪的变化等。

短视频脚本具有以下 4 个功能。

（1）提高团队的效率。通过脚本，演员、摄影师、剪辑师能快速领会短视频创作者的意图，高效、准确地完成任务，降低团队的沟通成本。一个完整、详细的脚本能够让摄影师在拍摄的过程中更有目的性和计划性。

（2）提供内容提纲和框架。短视频脚本能够为短视频创作提供内容提纲和框架，提前统筹安排好每一个成员要做的工作，并为后续的拍摄、制作等工作提供流程指导，明确各种分工。

（3）保证短视频的主题明确。摄影师在拍摄短视频之前，通过脚本明确拍摄的主题能保证整个拍摄的过程都围绕核心主题，并为核心主题服务。

（4）提升短视频质量。短视频脚本可以呈现景别、场景、演员服装、道具、妆造、台词和表情，以及 BGM（Background Music，背景音乐）和剪辑效果等，有助于刻画视频画面细节，提升短视频质量。

↘ 2.5.2 策划撰写提纲脚本

撰写提纲脚本相当于为短视频搭建一个基本框架，在拍摄短视频之前，摄影师将需要拍摄的内容加以罗列整理，类似于提炼出文章的主旨。这种类型的脚本更适用于纪录片的拍摄。

提前定好大致方向，在拍摄过程中，摄影师可以根据实际情况灵活处理。撰写短视频提纲脚本的步骤通常如下。

（1）明确选题、立意和创作方向，确定创作目标。

（2）呈现选题的角度和切入点。

（3）阐述不同题材的表现技巧、创作手法的不同。

（4）阐述短视频的风格、节奏、构图、光线等。

（5）详细地呈现场景的结构、视角和主题等。

（6）完善细节，补充音乐、解说等内容。

↘ 2.5.3 策划撰写文学脚本

文学脚本是在提纲脚本的基础上增加的细化的内容，可以使脚本内容更加丰富多彩。文学脚本将可控因素都罗列了出来，这类脚本适用于拍摄突发的剧情或直接展示画面内容的表演类短视频，如教学短视频、测评短视频等。文学脚本通常只需要规定人物需要做的任务、台词、所选用的镜头和时长等。

短视频创作者在撰写短视频文学脚本时，需要遵循 3 个步骤：确定主题、搭建框架、填充细节。

1. 确定主题

在撰写短视频文学脚本之前，短视频创作者需要确定短视频内容的主题，然后根据这一主题进行创作。短视频创作者在撰写短视频文学脚本时要紧紧围绕这个主题，切勿加入其他无关内容，以免导致作品偏题、跑题等。

2. 搭建框架

确定了短视频的主题之后，短视频创作者需要进一步搭建文学脚本的框架，设计短视频中的人物、场景、事件等要素。短视频创作者在创作时要快速进入主题、突出亮点。如果短视频创作者能在脚本中加入多样的元素，如引发矛盾、形成对比、结尾反转等，会达到更好的效果。

3. 填充细节

俗话说，"细节决定成败"。短视频文学脚本需要有丰富的细节，才能使短视频内容更加饱满，从而使用户产生强烈的代入感和情感共鸣。

短视频《有人偷偷爱着你》中有一些细节：店主在赶走客人时，催促了一句"快走吧"；电梯里的大哥为外卖小哥让位置时，拍了拍他的肩膀说"快进去吧，我走楼梯"；汽车车主用铁棍敲完三轮车后，说"扯平了"。

上述细节使短视频内容更丰富，人物刻画更完整，更能够引发用户共鸣，调动用户情绪。因此，短视频创作者可以按照以上步骤撰写文学脚本。

↘ 2.5.4 策划撰写分镜头脚本

分镜头脚本将文字转换成了可以用镜头直接表现的画面。分镜头脚本通常包括画面内容、景别、拍摄技巧、时长、机位、人物、台词、音效等。分镜头脚本能体现出短视频中的画面，也能精确地体现出对拍摄镜头的要求。分镜头脚本对拍摄画面的要求极高，适合微电影类短视频的创作，这种类型的短视频一般故事性比较强。由于对短视频更新周期没有严格限制，短视频创作者有大量的时间和精力去策划，因此可以使用分镜头脚本，它既能满足严格的拍摄要求，又能提高拍摄画面的质量。分镜头脚本要充分体现短视频所要表达的主题，同时还要通俗易懂，因为它在拍摄和后期剪辑的过程中都会起到关键性的作用。表2-3所示为短视频分镜头脚本。

表2-3 短视频分镜头脚本

景别	拍摄技巧	画面内容	字幕	音效	时长	人物
中景+小全景	固定	果果登上舞台，身着华丽衣服，准备表演	—	现场热情高涨，不断传来掌声	10秒	果果
近景	固定	果果侧躺在床上，看着手机的闹钟发呆	多少次，从这样的梦境中猛然清醒，只剩惆怅。绚丽的舞台变成苍白的床，华丽的剧场成了苍白的墙。庆幸的是，窗外的阳光依然像是舞台的灯光	—	20秒	果果
中景+特写	固定	果果起身走到窗前拉开窗帘，阳光照到脸上。果果脸上洋溢着幸福，露出微笑	—	城市吵闹声	8秒	果果
全景+中景	全景移动、中景固定	店面的全景。阿俊正在做早点，不时地看手表，眺望远处，等待果果的到来	七点了，她应该要来了吧	上班的人群	10秒	阿俊

短视频创作者在撰写分镜头脚本时需要把握以下几个要点。

1. 确定故事主线

确定整个故事的主线和核心是第一步。短视频要讲的故事的主题是什么，需要哪些人物出场，人物之间的关系是什么，故事发生的场景在哪里，时长需要控制在多长等。

2. 转折+冲突

设计 1 ~ 2 个冲突或转折点，有转折、有冲突的故事往往更能吸引用户的目光。短视频创作者要思考哪里设置冲突更合理，哪里设置转折更能让用户意犹未尽。

3. 时间的把控

人的注意力集中时间刚好是 15 秒，时间太短会使内容没办法呈现，时间太长又会让人产生视觉疲劳。15 秒是一个临界值，短视频创作者要在有限的时间里呈现出最好的效果。

4. 景别+拍摄手法

哪种景别更能呈现出好的效果？什么样的拍摄手法能体现短视频的意境？只有搞清楚景别及各种拍摄手法的作用，才能呈现出最好的效果。

实战案例讲解——挖掘热门选题的方法

要想持续输出优质内容，短视频创作者就必须拥有丰富的储备素材，这就需要建立选题库。根据短视频定位规划好选题范围，并对定位所涵盖、拓展的内容进行分类，逐一列出并分类后即可形成选题库框架。挖掘热门选题主要有以下方法。

1. 日常积累

短视频创作者一定要养成日常积累选题的习惯，通过身边的人或事，以及每天阅读的书籍和文章等，将有价值的选题纳入选题库，训练自己发现选题的灵敏性。

2. 分析竞争对手的选题

短视频创作者可以搜集竞争对手的选题，并对其进行整合与分析，从而获得灵感和思路，拓宽选题范围。短视频创作者可以进入灰豚数据网站，获取竞争对手的账号数据，如粉丝数、点赞数、评论数、分享数、收藏数、销售额、销量等，如图 2-16 所示。

图 2-16　获取竞争对手的账号数据

3. 收集素材，丰富选题库

在寻找选题时，短视频创作者可以使用不同的搜索引擎搜索关键词，然后对搜索到的有效信息进行提取、整理、分析与总结。常用的搜索引擎有百度、搜狗、360搜索等。短视频创作者可以通过以下途径搜集素材，不断丰富选题库。

（1）视频平台。各类短视频平台、综合视频平台的内容种类繁多，涉及人们生活的方方面面。短视频创作者可以从短视频平台和主流视频网站中寻找合适的素材，并以此为基础进行二次创作，赋予其自身特色，使作品契合自己的账号标签。图2-17所示为通过短视频平台寻找素材。

（2）自己拍摄视频。短视频创作者需要细心观察生活，留意周围的人和事，随时记录好的创意点，不断尝试拍摄和累积原始素材。图2-18所示为笔者拍摄的视频截图。

图2-17 通过短视频平台寻找素材　　　　图2-18 笔者拍摄的视频截图

（3）经典影视片段。许多影视剧经典桥段或台词往往能够引发用户共鸣，给人留下深刻印象。短视频创作者可以在征得原影视版权人许可的情况下，结合影视片段中的部分素材，融入自己的观点和想法，创作出富有创意的短视频作品。

【思考与练习】

一、填空题

（1）＿＿＿＿＿＿＿＿是短视频的前提条件，而＿＿＿＿＿＿＿＿就是短视频的中坚基础。

（2）＿＿＿＿＿＿＿＿是统领全局的职能角色，主要对短视频的风格、内容方向，以及内容和脚本进行把关，并参与拍摄和剪辑环节的工作。

（3）用户信息数据分为＿＿＿＿＿＿＿＿＿、＿＿＿＿＿＿＿＿＿两大类。

（4）短视频的展示形式主要有＿＿＿＿＿＿＿＿、＿＿＿＿＿＿＿＿、＿＿＿＿＿＿＿＿、＿＿＿＿＿＿＿＿、＿＿＿＿＿＿＿＿等。

二、选择题

（1）（　　）是指根据各个短视频平台的推荐机制，形成一套自己的短视频推广方案并进行推广，增强用户对短视频账号的认知度，扩大传播范围的能力。

　　A. 运营能力　　　B. 营销策划能力　　　C. 合作能力　　　D. 执行能力

（2）（　　）的主要工作是根据短视频内容的类型和定位，收集、筛选和确定短视频的选题，搜寻热点话题并撰写短视频脚本。

    A. 导演   B. 编剧   C. 演员   D. 运营人员

（3）（   ）的短视频多出现在教学类短视频或实操类短视频中，就是通过录屏软件把计算机上的一些操作过程录制下来，在录制过程中可以录音，最终将内容导出为视频格式的文件。

    A. 图文形式   B. 解说形式   C. 录屏形式   D. 模仿形式

（4）关于短视频选题策划说法不正确的选项是（   ）。

图 2-19　图文形式
短视频截图

    A. 短视频选题要以用户偏好为基础，在保证主题鲜明的前提下，为用户提供有价值的信息

    B. 确定好人物维度后，就要根据人物角色选择合适的工具和设备

    C. 不管短视频的选题是什么，其内容都要遵循一定的原则

    D. 短视频创作者要多选择热点选题，什么热门选什么

三、思考题

（1）短视频拍摄与制作团队人员的基本要求有哪些？

（2）创作短视频时怎样锁定自己擅长的领域呢？

（3）寻找选题的维度有哪些？

（4）短视频选题策划的基本原则有哪些？

四、实操训练

分析热门短视频的内容策划，具体任务如下。

（1）打开抖音，找到一些涉及图文形式、解说形式、Vlog形式和模仿形式的短视频截图，如图2-19～图2-22所示。

（2）分析这些短视频的主要内容和主要特点。

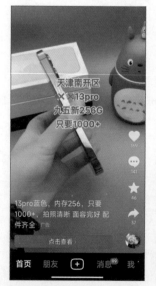

图 2-20　解说形式短视频截图　图 2-21　Vlog 形式短视频截图　图 2-22　模仿形式短视频截图

第 3 章
短视频前期拍摄

短视频拍摄的基本技能、构图技巧和后期编辑是影响短视频质量的关键。本章主要介绍选择拍摄设备、短视频构图、布光技巧、镜头运动方式、景别、拍摄角度等知识，短视频创作者只要掌握了这些知识，想要拍摄出优质的短视频并不难。

【学习目标】

➢ 熟悉拍摄设备的选择。
➢ 掌握短视频的构图方式。
➢ 熟悉布光技巧。
➢ 掌握镜头运动方式的运用。
➢ 掌握景别的运用。
➢ 掌握拍摄角度的运用。

【导引案例】短视频直播丰富农技推广渠道

2023年4月25日，中国社会科学院农村发展研究所发布《农技传播在短视频、直播平台的生态及价值创造》报告。该报告认为，随着数字技术的发展，以抖音为代表的短视频、直播平台凭借直观易懂的农技内容形式，推动了农技传播，为更市场化的农业发展提供了技术创新、实践的传播基础，成为对现有农技推广体系的有效补充。

短视频、直播平台吸引了大批乡土专家、新型农业经营主体以及农技专家加入，他们通过农技传播获得了实现社会价值和经济价值的可能，也促进了短视频、直播平台上农技推广体系的良性可持续发展。

刘天英是山东省寿光市的农技员，也是远近闻名的大棚蔬菜种植农技专家，经常有其他省区市的农技学习小组远道而来向她请教技术，最多的时候刘天英一天要接待六七拨学习小组。

为了能在更短的时间内扩大传播范围，刘天英尝试参加电视和广播节目，但有些需要在田间地头讲解的技术问题仍然无法很好地呈现。在朋友的建议下，刘天英开设了抖音账号讲解种植技术，专门在田间地头拍摄讲解蔬菜种植新技术的短视频，很快就积累了10万粉丝。在刘天英的抖音交流群里，除了山东本地的粉丝，来自河南、江苏、安徽等农业大省的粉丝量多且活跃，其粉丝中很大一部分是返乡创业的中小农户。

每一个短视频创作者都希望拍摄的短视频质量较好，而这也是需要技术的，那么短视频前期拍摄需要哪些技术呢？

思考与讨论

（1）如何通过短视频丰富农技推广渠道？

（2）短视频前期拍摄需要哪些技术？

3.1 选择拍摄设备

拍摄短视频的第一步是选择拍摄设备，拍摄设备的选择也是一门学问，涉及短视频的质量和团队预算，拥有不同预算的不同规模的团队有不同的选择。常用的短视频拍摄设备主要有以下几种。

扫一扫

选择拍摄设备

1. 摄像设备

常见的短视频摄像设备主要有智能手机和单反相机两类。

（1）智能手机

智能手机是最常用的摄像设备之一。如今，随着拍摄功能的不断完善，智能手机已经可以满足基本的短视频拍摄需求。对画面效果没有太高要求且预算有限的短视频创作者，可选择智能手机作为摄像设备。

在各大电商平台可以搜索市场上主流的手机品牌和热门的款式，在预算范围内选择一款自己喜欢的。图3-1

图3-1 淘宝网中的热门手机和品牌

所示为淘宝网中的热门手机和品牌。

（2）单反相机

单反相机功能强大，可以随意换用与其配套的各种镜头，能够满足专业的拍摄需求，对具备拍摄技巧、对画质要求很高且预算充足的短视频创作者而言，其可以选择一款合适的单反相机作为摄像设备。

单反相机机型的选择需要根据自身情况决定，通常五六千元左右的机型基本可以满足抖音短视频的拍摄需求。有更高的拍摄需求时，短视频创作者再考虑使用高端机型。

2. 自拍杆

自拍杆能够有效避免大头画面的出现，让画面更加完整，更加具有空间感。自拍杆的种类非常多，如带蓝牙的自拍杆，能够多角度自由翻转的自拍杆，以及带美颜补光灯的自拍杆等。就短视频拍摄而言，带美颜补光灯的自拍杆和能够多角度自由翻转的自拍杆更受欢迎。图 3-2 所示为自拍杆。

3. 稳定设备

稳定设备的作用是固定摄像设备，在拍摄过程中维持画面平稳。常见的稳定设备主要有手持稳定器和三脚架等。

（1）手持稳定器

短视频创作者在户外拍摄短视频时，通常需要到处走动，而一旦走动，镜头就会出现抖动，这样会影响用户的观看体验。虽然一些手机具有防抖功能，但是防抖效果有限，这时短视频创作者可以使用手持稳定器来保证拍摄效果和画面稳定。图 3-3 所示为手持稳定器。

在拍摄移动画面时，如果没有手持稳定器，短视频创作者可以手持摄像设备并移动整个身体，让手臂和摄像设备随着身体的移动而移动，而不是仅移动手臂和摄像设备，以此尽可能地保证画面稳定、不摇晃。

（2）三脚架

三脚架主要用于固定摄像设备。短视频创作者在拍摄时将手机或相机固定在三脚架上，能够保证画面稳定、不抖动，尤其是短视频创作者独自录制自拍类型的短视频时，三脚架必不可少。图 3-4 所示为三脚架。

图 3-2　自拍杆　　　　图 3-3　手持稳定器　　　图 3-4　三脚架

4. 摄影灯

摄影灯的作用是给被摄主体补充光线，提高拍摄画面的亮度和清晰度，避免出现拍摄画面太暗、人像太黑等问题。短视频创作者若要制作出专业级短视频，则需要配置专业的灯光组合，一般需要用到主灯、辅助灯、轮廓灯等。其中，主灯作为主要的光源，通常会使用柔光灯箱，其他灯选用 LED 灯即可。需要注意的是，短视频创作者在选择摄影灯时应尽量选择质量较好的，以保证光线柔和、不刺眼，避免对短视频出镜人员的眼睛造成伤害。图 3-5 所示为补光灯。

图 3-5　补光灯

图 3-6　话筒

5. 话筒

话筒用于收录现场声音，避免出现因距离远近不同、现场有噪声和杂音而使收声效果不佳的状况。在拍摄过程中，如果短视频拍摄人员直接通过手机或相机自身的麦克风来收声，可能会由于距离远近不同造成声音忽大忽小。在户外拍摄时，还可能会遇到噪声太大、杂音太多的情况。因此，话筒在短视频的拍摄中也发挥着重要作用。话筒如图 3-6 所示。

3.2　短视频构图

构图是拍摄短视频的基础，是决定作品视觉效果好坏的关键。好的构图能够把人和景物的优点凸显出来。短视频拍摄者掌握构图的基本原则，并能在拍摄过程中合理运用这些原则是非常有必要的。

扫一扫

短视频构图

↘ 3.2.1　短视频构图的基本原则

构图就是通过对画面中的人或物及其陪体和环境做出恰当的、合理的、舒适的安排，并运用艺术技巧、技术手段强化或削弱画面中的某些部分，最终使主体形象突出，使主题思想得到充分、完美的表现。简单地说，构图就是在拍摄时决定怎样在取景器内放入被摄主体的过程。短视频创作者需要掌握一定的构图基本原则，才能拍摄出优秀的短视频。

1. 美学原则

短视频构图要遵循美学原则，可以运用对比、排比、节奏、韵律等形式来增强作品的美观效果。图 3-7 所示为风景视频，其色彩对比不仅能增强画面的艺术感染力，还能鲜明地反映和升华主题。

2. 均衡原则

均衡也是获得良好构图的原则。对一个优秀的短视频来说，视觉和美学上的均衡也是非常重要的。掌握均衡就是要合理安排各种形状、

图 3-7　风景视频

图 3-8　均衡构图的城市夜景视频

颜色和明暗区域,使其互相补充,保持画面平衡。图 3-8 所示为均衡构图的城市夜景视频。

3. 突出重点

短视频创作者无论采用哪种构图方式,都需要突出重点。因为拍摄短视频是为了表达一定的情感或呈现场景,这些情感或场景都需要被突出。无论是采用对称式构图还是采用汇聚线构图,视线的落脚点都要放在需突出的重点元素上。

4. 简化背景

背景要尽量简洁,起到烘托和陪衬主体的作用。如果场景受限、背景难以简化,可以考虑用大光圈虚化背景或改变焦距,也可以转换拍摄角度,从而改变取景范围。

5. 清理边缘

短视频创作者在构图前需要取景,也就是先想好让什么样的画面出现在取景器中,然后才思考怎样构图可以让画面更和谐。清理边缘就是清理画面边缘琐碎的东西,避免分散观者的注意力,或给观者带来杂乱、不适的视觉感受。

6. 主题明确

短视频必须有一个明确的主题。简单地说,短视频的主题就是短视频的主要内容。图 3-9 所示为将背景虚化以突出荷花主题。短视频构图必须为短视频的主题服务,短视频创作者在构图时需要考虑以下 3 个方面。

(1)突出短视频的主体,淡化短视频的陪体。当短视频的主体变得突出之后,主题也会变得更加明确。

(2)为了突出短视频的主体,有时甚至可以破坏画面构图的美感,使用不规则的构图。

(3)若某种构图和谐的画面与整个短视频的主题风格不符,甚至妨碍主题思想的表达,就可以考虑将其裁剪掉。

图 3-9 将背景虚化以突出
荷花主题

7. 变化原则

前面讲的构图原则主要是针对短视频中的一个画面的。对于由许多画面组成的整个短视频的构图,短视频创作者则需要遵循变化原则,即根据不同的画面选择相应的构图。

3.2.2 常用的短视频构图方式

短视频创作者需要掌握一些比较实用的构图方式,以便在需要的时候能更好、更快地拍摄出好的短视频。不同的短视频构图方式能给人带来不同的视觉感受,下面将介绍常用的构图方式,让大家对构图有更清晰的认识。

1. "井"字构图

黄金分割又称黄金律,是一个数学比例关系,即将整体一分为二,较大部分与较小部分之比等于整体与较大部分之比,约为 1:0.618。这被公认为是最具审美意义的比例,也被公认为是最能带给人美感的比例,因此被称为黄金分割。短视频构图方式中的"井"字构图就是黄金分割的例证。

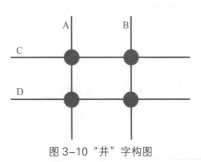

"井"字构图又叫九宫格构图,如图 3-10 所示,是常用的构图方式。构图时,"井"字的 4 个交叉点

图 3-10 "井"字构图

就是主体的最佳位置。A、B、C、D这4条线的交叉点大致是黄金分割点，画面的主体或分割线可以安排在4个交叉点或4条线附近。

2. 重复构图

利用不断出现的对象构图就是重复构图，它可以形成韵律美，起到不断强调的作用。图3-11所示为密密麻麻排队的人，镜头晃动产生的动感营造了排队时拥挤的氛围。被摄主体数量越多，越容易给人留下深刻的印象。在拍摄许多相同元素同时出现的场景时，一定要尽可能在大范围内取景。

图3-11　密密麻麻排队的人

重复、连续的元素会吸引观者，让观者在画面中不停地浏览，有意识或无意识地从一边浏览到另一边。不同的重复元素会造成不同的视觉效果，可使短视频从其他作品中"跳"出来。此外，如果众多重复元素中有一两处细微的不同，无疑会给整个画面带来更出色的戏剧效果。

3. 对称式构图

对称式构图是指画面中的景物相对于某个点、直线或平面，在大小、形状和排列上具有一一对应的关系。对称的形式有上下对称、左右对称、中心对称和旋转对称4种。对称式构图具有均匀、整齐一律和排列相等的特点，给人安宁、平稳、和谐和庄重之感。图3-12所示的大门就是运用对称式构图的例子。

图3-12　大门

4. S形构图

S形构图是曲线构图中使用较多的一种构图方式。曲线是最具美感的线条元素，它具有较强的视觉引导作用。S形具有曲线的优点，优美而富有活力和韵味，所以S形构图能给人一种美的享受，能使画面显得生动、活泼。这种构图方式还能让观者的视线随着S形延伸，可以有力地表现画面的纵深感。图3-13所示的项链就采用了S形构图。

图3-13　项链

S形构图具有延伸、变化的特点，可以利用S形曲线将画面中的近景、远景等空间范围内的景物联系在一起，形成统一、和谐的画面。

5. 框架构图

所谓框架构图，就是利用前景将拍摄的主体包围起来，使要表现的主体成为视觉趣味点或视觉中心。画面有了框架，可以增添一定的装饰性或趣味性，增强景物的纵深感，使拍摄的主体更为突出。图3-14所示的海边风景就采用了框架构图。

选择框架式前景能把观者的视线引向框架内的主体，

图3-14　海边风景

突出主体；将主体用框架包围起来，可营造一种神秘气氛。框架构图有助于使主体与环境融为一体，赋予画面更强的视觉冲击力。

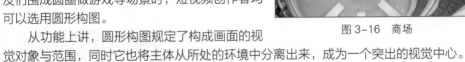

专家指导

使用框架构图时，短视频创作者要特别注意曝光的控制，因为常常会出现框架比较暗淡，而框架内的画面比较明亮的情况，所以在选择测光位置以及测光模式时要特别留意。

6. C形构图

C形构图既具有曲线美的特点，又能产生变异的视觉焦点，使画面简洁明了。C形曲线是一种极具动感的线条，以C形曲线来构图，会使画面饱满而富有弹性。一般而言，主体安排在C形的缺口处，使观者的视线随着曲线推移到主体上。C形构图在拍摄工业、建筑类题材的短视频时使用较多。图3-15所示的鲜花在拍摄时就运用了C形构图。

图3-15 鲜花

7. 圆形构图

圆形构图在视觉上给人以旋转、运动和收缩的美感，图3-16所示的商场在拍摄时就运用了圆形构图。运用圆形构图时，如果画面中出现一个能集中视线的趣味点，那么整个画面将以这个点为中心产生强烈的向心力。圆形构图给人以团结一致的感觉，但这种构图方式活力不足，缺乏视觉冲击力和生气。

除了拍摄圆形物体可以以圆形构图表示其形状，拍摄许多场景都可以用圆形构图表示其团结一致，这些场景既包括形式上的，也包括意愿上的。如拍摄学生聚精会神地围着老师听课、小朋友们围成圆圈做游戏等场景时，短视频创作者均可以选用圆形构图。

图3-16 商场

从功能上讲，圆形构图规定了构成画面的视觉对象与范围，同时它也将主体从所处的环境中分离出来，成为一个突出的视觉中心。

8. 对角线构图

图3-17 女鞋

在拍摄很多景物时，短视频创作者如果让景物呈现出"四平八稳"的面貌，往往画面的表现效果会不佳。对角线构图是把主体安排在画面的对角线上，它能有效利用画面对角线的长度，同时也能使陪体与主体产生直接联系。对角线构图富有动感，显得活泼，容易产生线条的汇聚趋势，吸引人的视线，达到突出主体的效果。

图3-17所示的女鞋采用了对角线构图。对角线构图可以给人一种更活泼的感觉，沿对角线摆放商品可以

图 3-18　大桥

更好地展现商品的形态。

9. 汇聚线构图

汇聚线构图就是让画面中的所有线条向中心点汇聚，将观者的视线吸引到汇聚的中心点上。汇聚线能强烈地表现出画面的空间感，使人在二维的平面中感受到三维的立体感。短视频创作者可以考虑把主体放在汇聚线汇聚的中心点上，从而起到一定的视觉引导作用，达到一种"迫使观者观看"的效果。图3-18所示的大桥就采用了汇聚线构图。

3.3　布光技巧

无论是室内还是室外，在拍摄短视频时，短视频创作者都可能需要进行现场布光，以使光影效果能够满足拍摄需要。

扫一扫

布光技巧

↘ 3.3.1　各种位置的光源

拍摄短视频时光源位置十分重要，根据光源相对于主体的位置，光源通常可分为顺光、侧光、逆光、顶光、反射光等。

1. 顺光

顺光光线的照射方向与拍摄方向是一致的。由于在顺光条件下，被摄主体正面受光均匀，阴影在其背后，所以顺光拍摄的画面很少有阴影，往往比较明亮，这使得画面的层次主要依靠被摄主体自身的明度差异或色调关系来体现。图3-19所示为顺光拍摄的牡丹。

不过，顺光拍摄难以表现被摄主体的明暗层次、线条和结构等，从而容易导致画面平淡，对比度低，缺乏层次感和立体感。

2. 侧光

侧光光线的照射方向和拍摄方向基本呈90°角，光线从侧方照射到被摄主体上。图3-20所示为侧光拍摄的水果。

图 3-19　顺光拍摄的牡丹

侧光是能表现层次、线条的光线，主要用于表现强烈的明暗反差或者展现物体轮廓造型的拍摄场景，适用于拍摄建筑、雕塑等。当运用侧光拍摄人物时，人物面部经常会半明半暗。此时，短视频创作者可以考虑利用反光板等反光体来对人物面部的暗处进行一定的补光，以减小面部的明暗反差。

图 3-20　侧光拍摄的水果

3. 逆光

逆光光线的照射方向与拍摄方向正好相反。由于光源位于被摄主体之后，因此会在被摄主体的边缘勾画出一条明亮的轮廓线。图3-21所示为逆光拍摄的日落。

逆光拍摄具有极强的艺术表现力，能够增强视觉冲击力。短视频创作者采用逆光拍摄时，由于暗部比例增大，很多细节被阴影掩盖，被摄主体以简洁的线条或很小的受光区域呈现在画面中，这种高反差给人以强烈的视觉冲击，有较强的艺术效果。

4. 顶光

顶光光线从被摄主体的顶部照射下来并与拍摄方向成 90° 角，常常出现在正午。在拍摄风光题材时，顶光更适合表现表面平坦的景物。顶光运用得当，可以为画面带来饱和的色彩、均匀分布的光影和丰富的画面细节。图 3-22 所示为顶光拍摄的风光。

图 3-21　逆光拍摄的日落

图 3-22　顶光拍摄的风光

5. 反射光

反射光光线不是直接照射被摄主体，而是照射具有一定反光能力的反光体，再由反光体的反射光照射被摄主体。图 3-23 所示的倒影效果在拍摄时比较常见，就是由反射光实现的。在平常的拍摄中，常用的反光体是反光板和反光伞。在影棚摄影中，短视频创作者会经常利用这些反光体来进行创作。

↘ 3.3.2　常用布光技巧

布光其实是一项具有创造性的工作，不仅能体现创作风格，还关系到短视频的拍摄质量。所以，短视频创作者在拍摄短视频时需掌握一些技巧来提升布光水平。

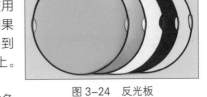

图 3-23　倒影效果

1. 利用反光板

短视频通常需要对人或物品进行特写拍摄，室外太阳光太强容易让人或物品的影子显得生硬。使用反光板能让更多的光线照到拍摄对象上。当然，如果没有反光板，一块白色的纸板或者遮阳板都能起到同样的作用，只要它们能把光线反射到拍摄对象上。图 3-24 所示为反光板。

反光板通常会有白色、银色和金黄色等，每种色彩都有不同的效果。白色反光板反射的光线最柔和，银色和金黄色两种反光板反射的光线则更硬朗。金黄色的反光板能为短视频带来比较暖的色调。

图 3-24　反光板

2. 简易布光

一些短视频的拍摄为了节约成本，并没有使用专门的布光设备，而是利用手电筒、手机闪光灯等实用光源进行简易布光。如使用两个 LED 灯作为光源，一个为主光，另一个为辅光，也会有不错的拍摄效果。

3. 对角线布光

这种技巧常用于人物的拍摄中，摄影摄像器材正对人物，两个光源侧对人物形成对角线，这样拍摄的人物清晰、明亮且具有极强的立体感。需要注意的是，最好使用柔光，短视频创作者可以在光源外添加一个遮光板。

4. 利用自然光

即便室内拍摄光线充足，也最好选择离窗户较近的位置进行顺光拍摄，这样可以最大化地利用自然光源，得到更加真实的视频画面。

5. 利用光线制造艺术效果

短视频创作者在拍摄时可以利用布光产生一些艺术效果。例如，逆光拍摄可以展现拍摄对象的主体轮廓，形成剪影效果。

3.4 镜头运动方式

镜头是短视频的基本组成单位。镜头语言是通过镜头的运动方式来表现的，其应用技巧直接影响短视频的最终效果。拍摄短视频时镜头的运动方式有很多种，其中推镜头、拉镜头、旋转镜头、移镜头、摇镜头、升降镜头比较常用。

扫一扫

镜头运动方式

↘ 3.4.1 推镜头

推镜头是指被摄主体不动，镜头由远及近向被摄主体方向移动，逐渐形成近景或特写的镜头。常见的拍摄手法为匀速推进（匀推），也可以根据拍摄主题需要，使用快速推进（快推）和慢速推进（慢推）等手法。推镜头改变了用户的视线范围，使画面由整体慢慢引向局部，在突出局部的细节感的同时，还制造了悬念。

↘ 3.4.2 拉镜头

拉镜头与推镜头相反，是指镜头向被摄主体反方向运动，画面先为特写或近景，在镜头后拉的过程中视距变大，根据需要可以匀速拉、慢速拉和快速拉，画面由局部变为整体，并逐渐变为全景或远景。拉镜头常用于表现人物与环境的宏观场面或空间关系。

在拍摄时，短视频创作者可以结合使用移动三脚架、滑轨等器材。普通短视频创作者拍摄此类镜头时多采用移动三脚架，拍摄前设置好取景构图的高度，将拍摄设备与移动三脚架连接好。

这种拍摄手法常用于短视频领域中的搞笑栏目。当画面拉到大景别时，喜剧反差效果会突然放大，同时人物的情绪也会更加突出。

↘ 3.4.3 旋转镜头

旋转镜头是指被摄主体呈旋转状态的画面，镜头沿镜头光轴或接近镜头光轴的角度旋转拍摄，摄像机快速做超过 360°的旋转拍摄。这种拍摄手法多用于表现人物的眩晕感觉，是影视拍摄中常用的一种拍摄手法。

拍摄旋转镜头的方法为：手持稳定器快速做超过 360°的旋转拍摄，以实现旋转镜头的效果。短视频创作者可以拍摄反向环绕旋转镜头，手持稳定器，身体原地转动；短视频创作者也可将稳定器倒置，对被摄主体进行低角度旋转环绕拍摄，这种镜头比较适合展现主角的高大形象。

⅃ 3.4.4　移镜头

移镜头是指被摄主体和拍摄设备一起移动拍摄。这种方式比较常见，比如百米赛跑中，运动员从运动开始到结束，拍摄设备始终跟随着运动员一起运动。短视频创作者可以从各个角度，把运动着的人物和景物交织在一起，使画面产生强烈的动态感和节奏感，表现出各种运动条件下的视觉艺术效果。

短视频创作者拍摄时要用到移动三脚架或铺设滑轨，注意运动的速度要始终和被摄主体的速度保持一致，被摄主体停止运动，拍摄设备就要停止运动。

⅃ 3.4.5　摇镜头

摇镜头是指拍摄设备保持不动，镜头通过上、下、左、右、斜等方式拍摄主体与环境，让人感觉是从被摄主体的一个部位逐渐看向另一个部位。摇镜头主要用于逐渐呈现事物，完整展现事物的发展过程。

这类镜头多用于表达人物的视角，比如某个人物被眼前的风景所吸引，那么画面的上一秒是人物的眼睛，下一秒就要摇镜头，这代表该人物看到的视角，同时也表现出该人物看到风景的心情。

⅃ 3.4.6　升降镜头

升降镜头分为升镜头和降镜头。升镜头是指拍摄设备在升降机上做上升运动所拍摄的画面，可用于俯视拍摄，以显示广阔的空间；降镜头是指拍摄设备在升降机上做下降运动所拍摄的画面，多用于拍摄大场面，以营造氛围。

镜头匀速升或降，在视觉上会产生一种跟随转场的效果，也能展现出空间的纵深关系、视觉的扩展或收缩、场面的规模，或烘托剧情的气氛等。

3.5　景别

景别是指拍摄设备和被摄主体的距离不同，造成被摄主体在视频画面中所呈现出的范围大小的区别。画面景别通常受两个因素的影响：一个是拍摄设备与被摄主体之间的实际距离，另一个是拍摄设备镜头的焦距。在实践中，一般把景别分为远景、全景、中景、近景和特写。

扫一扫

景别

⅃ 3.5.1　远景

远景一般用来表现距拍摄设备较远的环境全貌，用于展示人物及其周围广阔的空间环境、自然景色和群众活动等场面的镜头画面。这种景别相当于人从较远的距离观看景物和人物，视野深远且宽阔，能够包容广阔的空间，人物占画面的面积较小，甚至呈点状，而背景占画面的大部分面积。远景画面如图 3-25 所示。

图 3-25　远景画面

在短视频拍摄中，远景通常使用相机和无人机拍摄。相机具备专业的光学变焦功能，短视频创作者可直接通过焦距的变化来拍摄远景画面。无人机航拍能带给用户从空中俯瞰地面的视觉感受，使画面显得更加辽阔和深远。

适合远景的短视频类型如下。

（1）情感类/剧情类：远景画面配上优美的文案和背景音乐，可以表达某种情绪，营造某种氛围，进而感染用户。例如，画面中出现了较长时间的日出时分的雪后城市远景，表达的是故事发生在刚刚下了雪的城市的早晨，画面表现出静穆、旷远、宏大等的感觉。

（2）时尚类：通过拍摄远景，短视频创作者可以将时尚的内容融入优美的风景中，或者让时尚的内容与风景形成鲜明的对比。例如，通过远景拍摄，展示适合在登山旅游时穿的服装。

（3）旅行类：通过在远景画面中表现山脉、海洋、草原、城市风光等优美的风景，可以带给用户强烈的视觉冲击。

↘ 3.5.2　全景

图 3-26　全景画面

全景用来表现人物全身或某一具体场景的全貌，也可用于进一步表现在一个相对窄小的活动场景里的人与环境或人与人之间的关系。全景画面如图 3-26 所示。

远景画面和全景画面常见于影视剧和短视频的开端、结尾部分。一般而言，远景画面表现的是更大范围里人与环境的关系，而全景画面的描写功能更强，人物活动信息更加突出，在叙事、抒情和阐述人物与环境的关系方面可以起到独特的作用，能够更全面地表现人与人、人与环境之间的密切关系。

与远景画面相比，全景画面会有比较明显的中心内容和拍摄主题。当拍摄主题为人物时，全景画面主要凸显人物的动作、神态等，同时画面中还包括人物周围的环境。可以这样简单区分：短视频的画面如果以风景为主，人物的整个高度不超过画面高度的五分之一，通常就被称为远景；短视频的画面如果以人物为主，人物的整个高度超过画面高度的二分之一，但又不超过画面高度，通常就被称为全景。

适合全景拍摄的短视频类型包括舞蹈类、旅行类和剧情类。在舞蹈类、旅行类短视频中，全景画面非常适合表现美丽的服装、优雅的舞蹈、人物在某个景点的观光照等；在剧情类短视频中，全景画面多用于交代场景、环境的信息。

↘ 3.5.3　中景

中景主要用来表现人物膝盖以上部分或者场景的局部画面。与全景画面相比，中景画面中的人物整体形象和环境空间不再是重点表现对象，画面更注重表现人物上身的具体动作。中景更能推动情节发展、表达情绪和营造氛围。

中景画面削弱了被摄主体的外部轮廓，加强并突出了被摄主体内部结构的表现因素。例如，在拍摄一棵参天大树时，画面由全景推向中景，大树的外部轮廓就会被挤出画面，而重点表现树木苍劲挺拔的枝干。

中景画面是叙事性景别，在大部分剧情类短视频中经常使用。中景画面有助于清晰地展示人物的情绪、身份或动作等，既能给人物以形体动作和情绪交流的活动空间，又能与周围氛围、环境保持一致。

↘ 3.5.4　近景

近景是近距离观察人物的景别，主要用来表现人物胸部以上的部分或者景物的局部。与中景画面相比，近景画面表现的空间范围更小，人物和景物的尺寸足够大，能够清楚地表现人物的面部表情和细微动作，降低环境和背景的作用，吸引用户注意力的主要是画面中占主导地位的被摄主体。

近景往往具有刻画角色性格的作用，通常以人物的面部表情和细微动作来体现。例如，短视频中要展现主角的傲慢，就可以利用近景拍摄其微昂的头、充满自信的眼神，以及微微上扬的嘴角等。

拍摄近景主要有以下几点技巧。

（1）进行更加细致的造型。近景画面中人物面部被表现得十分清楚，一旦有瑕疵，就会被放大。因此拍摄近景画面时，短视频创作者就要进行更加细致的造型，对妆容、服装和道具都有更高的要求。

（2）将对焦中心集中到主角面部。在拍摄近景画面时，五官是表现短视频内容的主要着眼点。例如，人物在开心的时候要眉开眼笑、在悲伤的时候要有泪水流出等，这就需要将拍摄的焦点集中到主角的面部以抓拍这些表情。

（3）由于大多数用户观看短视频时使用的是手机，手机屏幕小，因此在拍摄近景画面时，短视频创作者要注意画面中细节的质量，保证人物形象的真实性、生动性和情节的客观性、科学性。短视频创作者不妨多拍摄一些画面，以便后期剪辑时进行挑选。

近景更适合屏幕较小的手机，有助于用户看清短视频的全部内容。几乎所有类型的短视频都适合采用近景拍摄，特别是人物、宠物、商品的短视频，以及视频直播和 Vlog 类短视频。近景拍摄荷花如图 3-27 所示。

图 3-27　近景拍摄荷花

↘ 3.5.5　特写

特写用来表现人物肩部以上的部分或者某些被摄主体细节的画面。特写画面的内容比较单一，所以可以起到放大形象、强化内容、突出细节等作用。在特写画面中，被摄主体几乎占满画面，与用户的距离更近。在人物特写画面中，用户可以很清晰地看到人物的面部表情，这有利于刻画人物、描绘人物内心活动。特写一般出现在剧情类或带有情绪表达的短视频中。现在很多美食类、宠物类、美妆类的短视频也会采用特写镜头，让用户能更清楚地看清细节。图 3-28 所示为宠物特写镜头。

由于特写分割了被摄主体与周围环境的空间联系，画面

图 3-28　宠物特写镜头

的空间表现不确定，空间方位也不明确，所以其常被用作转场镜头。在进行场景转换时，由特写画面转至新场景不会让用户觉得突兀和跳跃。

3.6 拍摄角度

拍摄中拍摄角度的差异会影响画面中地平线的高低，被摄主体在画面中的位置，被摄主体与背景、前景的距离等。拍摄角度有平拍、俯拍和仰拍之分。

1. 平拍

平拍即镜头的高度与被摄主体的高度位于同一水平线上，这一拍摄角度符合人们的正常视觉习惯，使用广泛。平拍的画面具有正常的透视关系和结构形式，给观者以身临其境的感觉。图3-29所示为平拍的风景。

2. 俯拍

俯拍指镜头高于被摄主体，从高处向低处拍摄被摄主体。图3-30所示为俯拍的花园。由于拍摄角度具有一定的垂直性，俯拍得到的构图能使画面主题更加鲜明，人物在画面中更有张力。

正所谓"站得高，看得远"，拍摄城市风光应主动寻找高楼大厦，站在高层向下拍摄，而拍摄乡村田园风光则应爬到山坡高处向下拍摄。不过，现在短视频创作者可以使用无人机航拍来实现俯拍。

3. 仰拍

仰拍指镜头处于被摄主体以下，由下向上拍摄被摄主体。仰拍的画面有一种独特的仰视效果，主体被突出，显得巍峨、庄严、宏大、有力。图3-31所示为仰拍的钟表。

图3-29 平拍的风景　　　　图3-30 俯拍的花园　　　　图3-31 仰拍的钟表

实战案例讲解——使用智能手机拍摄短视频

现在智能手机的相机功能已经十分强大，使用智能手机能够轻松地拍摄出精彩的短视频作品。下面以安卓系统手机为例介绍短视频的拍摄。安卓系统手机的主流品牌是华为、

OPPO、VIVO 和小米等，每个品牌的手机的相机功能各有不同。下面以小米手机为例，介绍如何使用安卓系统手机拍摄短视频，具体操作步骤如下。

（1）打开手机的相机功能，进入拍摄界面，在下方选择"录像"选项，如图3-32所示，切换到视频录制模式，在屏幕上点击拍摄主体，进行自动对焦后即可录像。

（2）进入视频设置界面，打开"参考线"选项，如图3-33所示。

（3）点击"美颜"按钮，如图3-34所示，调整美颜级别。

 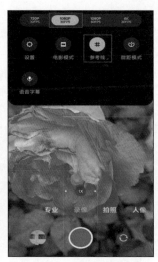 

图 3-32　选择"录像"　　　　图 3-33　打开"参考线"　　　　图 3-34　点击"美颜"
　　　　选项　　　　　　　　　　　　选项　　　　　　　　　　　　按钮

（4）从上往下俯拍，如图3-35所示。

（5）正对着花朵平拍，如图3-36所示。

图 3-35　俯拍　　　　　　　图 3-36　平拍

素养课堂

年轻人热衷于购买国货

近年来,中国消费市场发生了巨大的变化,人们不再热衷于国外品牌或者出国购物,取而代之的是国货步入大众视野,站上了主舞台。而年轻一代也成了购买国货的主力军,并热衷于在短视频平台购买国货。

2023 年 1 月 9 日,抖音电商发布的《2022 抖音电商国货发展年度报告》(以下简称《报告》)显示,2022 年,抖音电商上的国货品牌的销量同比增长 110%,国货商品搜索量提升 165%。

《报告》显示,短视频、直播正成为年轻消费者获取商品内容的主要渠道之一,直播间成为购买国货的新渠道。在短视频和直播带货的驱动下,"90 后""00 后"消费者购买力不断提升,18 ~ 24 岁的国货消费者国货消费同比增长 152%,25 ~ 30 岁的国货消费者国货消费同比增长 119%,年轻消费者正成为国货消费主力。

年轻人生长在物质丰富的时代,习惯以平等视角看"洋货",他们亲历国家经济飞速发展,拥有更高的文化水平、素养与更开阔的眼界。国家崛起与文化自信的时代背景,也催生这代年轻人在乎品牌的文化内核、个性表达,愿意为与众不同的优质国货买单。好用、时髦又具有文化底蕴的国货与年轻人的诉求不谋而合。

国货直播营销通过 3 个方面吸引了年轻消费者。在人方面,抖音电商更注重主播的培养和打造,以及表现力方面的优化;在货方面,抖音电商挑选满足消费者需求的商品;在场景方面,抖音电商不断优化场景的舒适度来提升观看量。最后,抖音电商通过制作垂直类短视频,精准吸引目标用户。

中国国力越来越强盛,文化也在日益崛起,这样的大背景给当代年轻人一种很强的时代感召,年轻人愿意去建立属于这个时代的文化归属感,彰显自己所在群体和其他社会群体的不同。

【思考与练习】

一、填空题

(1)常见的短视频摄像设备主要有_____、_____两类。

(2)常见的稳定设备主要有_____、_____。

(3)_____就是通过对画面中的人或物及其陪体和环境做出恰当的、合理的、舒适的安排,并运用艺术技巧、技术手段强化或削弱画面中的某些部分,最终使主体形象突出,使主题思想得到充分、完美的表现。

(4)_____是指画面中的景物相对于某个点、直线或平面,在大小、形状和排列上具有一一对应的关系。

二、选择题

(1)(   )功能强大,可以随意换用与其配套的各种镜头,能够满足专业的拍摄需求。

    A. 单反相机   B. 智能手机   C. 平板电脑   D. 摄像机

（2）下面哪一项不是短视频构图的基本原则？（　　　）

　　　A. 美学原则　　　　B. 背景丰富　　　　C. 均衡原则　　　　D. 突出重点

（3）利用不断出现的对象构图，可以形成韵律美，起到不断强调的作用，这是（　　　）。

　　　A. 对称式构图　　　B. 框架构图　　　　C. 重复构图　　　　D. 汇聚线构图

（4）（　　　）光线的照射方向与拍摄方向是一致的。

　　　A. 侧光　　　　　　B. 逆光　　　　　　C. 顶光　　　　　　D. 顺光

三、思考题

（1）常用的短视频构图方式有哪些？

（2）拍摄短视频时光源的位置有哪些？

（3）常用的布光技巧有哪些？

（4）适合远景的短视频类型有哪些？

四、实操训练

根据不同的拍摄角度和不同的构图方式拍摄短视频，具体任务如下。

（1）练习仰拍、平拍短视频，可参考图3-37和图3-38。

（2）练习俯拍短视频，可参考图3-39。

　　图3-37　仰拍　　　　　图3-38　平拍　　　　　图3-39　俯拍

（3）运用不同的短视频构图方式，如"井"字构图、重复构图、对称式构图、S形构图、框架构图、C形构图、圆形构图、对角线构图、汇聚线构图等，练习拍摄不同的风景，可参考图3-40所示的运用对称式构图拍摄和图3-41所示的运用框架构图拍摄。

　　图3-40　运用对称式构图拍摄　　　　图3-41　运用框架构图拍摄

第 4 章

短视频后期制作基础知识

短视频后期制作并不是简单地合并视频素材，而是涉及多方面的操作。例如，使用专业的剪辑手法进行剪辑，利用转场、滤镜和调色来提升短视频的画面品质等。通过短视频声音处理、短视频节奏处理、短视频字幕处理等操作，平淡无奇的视频素材可以被制作成包装精美、画面品质高且内容丰富的短视频。下面来学习短视频后期制作的基础知识。

【学习目标】

➢ 熟悉短视频后期剪辑基础知识。
➢ 掌握短视频声音处理。
➢ 掌握短视频节奏处理。
➢ 掌握短视频调色处理。
➢ 掌握短视频字幕处理。

【导引案例】"重庆云海列车"短视频在各社交平台上火爆"出圈"

由文化和旅游部资源开发司、山东省文化和旅游厅主办的 2023 年国内旅游宣传推广培训班在山东举办。培训班上发布了 2022 年度国内旅游宣传推广优秀案例。其中由重庆市文化和旅游信息中心报送的"重庆云海列车"营销推广活动短视频从众多申报案例中脱颖而出。

该短视频独具匠心、别具一格。旭日东升、云雾蒸腾，重庆轨道交通 6 号线列车徐徐驶来，如梦如幻、如临仙境。该短视频借助重庆"3D 魔幻"的独特城市地貌，以轨道交通破题，运用极致的东方美学表达，绘就了一幅充满诗意与禅味的水墨山水画卷。

该短视频先后被 800 余家中外媒体转发报道，全网播放量超 10 亿次，成为"现象级"短视频。传播平台覆盖国家级媒体、重庆市级主要媒体、朋友圈以及海外社交平台等，很好地传播和展示了重庆城市形象乃至美丽中国形象，收到了极好的宣传效果和社会效益。

"重庆云海列车"短视频的成功"出圈"，堪称重庆市文化和旅游发展委员会点燃重庆印象、提振文旅发展的生动实践。短视频的后期制作是基础，它决定了视频的节奏、情感和流畅度。通过对素材进行选择与剪辑、添加音效处理，短视频创作者可以将混乱无章的素材变成一部具有叙事性、感染力的视频作品。因此，掌握短视频后期制作是制作高质量短视频必不可少的技能。

思考与讨论

（1）如何通过短视频做好旅游推广？

（2）短视频后期制作的重要性是怎样的？

4.1 短视频后期剪辑基础知识

短视频创作者应该熟知短视频剪辑的常见术语、短视频剪辑的基本原则和短视频剪辑的基本流程，为剪辑工作打下坚实的基础。

↘ 4.1.1 短视频剪辑的常见术语

了解短视频剪辑的常见术语是学习短视频剪辑的第一步。很多新手学习短视频剪辑时，发现看不懂短视频教程里的很多专业术语。下面我们将介绍短视频剪辑的常见术语。

扫一扫

短视频后期剪辑基础知识

1. 帧与帧率

帧是传统影视和数字视频中的基本信息单元。任何视频在本质上都是由若干静态画面构成的，每一个静态的画面为一个单独帧。如果按时间顺序放映这些连续的静态画面，图像就会"动"起来。图 4-1 所示为不同帧时显示的不同画面。

帧率用于测量单位时间内采集、播放显示的帧数的量度，用帧 / 秒表示，就是每秒传

图 4-1 不同帧时显示的不同画面

输的帧数。视频是由一连串的静态帧快速连续显示的结果，每一帧都是静止的画面，帧率越高，视频效果越流畅、逼真。例如，拍摄帧率为 60 帧 / 秒的短视频，意味着一秒内有 60 帧；而拍摄帧率为 30 帧 / 秒的短视频，意味着一秒内只有 30 帧。

提示与技巧

当一组连续的画面以 10 帧 / 秒的帧率进行播放时，画面就会获得运动的播放效果；然而想要画面变得更加流畅，则需要达到 24 帧 / 秒以上的帧率。

2. 帧尺寸

帧尺寸是指帧的宽和高。宽和高可以用"像素数量"来表示。帧尺寸越大，包含的像素数量越多，视频画面也就越清晰。建议短视频的帧尺寸以 1920 像素 ×1080 像素为主，因为大多数的短视频平台主要服务移动端用户，且手机 CPU（Central Processing Unit，中央处理器）的图片处理能力有限，帧尺寸过大的短视频反而会被压缩，导致画面不清楚。

3. 像素和像素比

像素是数字图像的基本单元，是一个二维概念，是二维图像中不可分割的最小面积元。每个像素的位置和颜色决定了整体呈现出来的效果。

像素比是指每一个像素长与宽的比，所以又被称为"长宽比"。由于部分播放器不能正确识别视频的像素比，所以在剪辑短视频时，为了保证短视频不会在其他播放器上出现图像变形，一般将像素比设为 1。

4. 画面尺寸与画面比例

画面尺寸是指画面实际显示的宽和高。画面比例是指画面的宽高比例，如 4∶3、16∶9、9∶16、1∶1、3∶4 等，如图 4-2 所示。

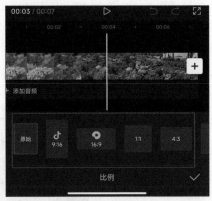

图 4-2　画面比例

如果将短视频上传至哔哩哔哩、西瓜视频等以横屏播放为主的平台，建议将画面比例设置为 16∶9；如果将短视频上传至抖音、快手等以竖屏播放为主的平台，建议将画面比例设置为 9∶16。由于抖音中也存在横版短视频，因此在抖音中发布横版短视频时可以将其按照横屏画面比例（16∶9）进行设置。

　　需要注意的是，如果短视频在 PC 端播放并且对清晰度有较高的要求，推荐使用的画面尺寸是 1920 像素 ×1080 像素，其他情况下建议使用的画面尺寸是 1280 像素 ×720 像素。

5. 色彩深度

　　色彩深度表示在位图或者视频帧缓冲区中存储 1 像素的颜色所用的位数，色彩深度越高，可用的颜色就越多。色彩深度是用"n 位颜色"来说明的。若色彩深度是 n 位，则有 $2n$ 种颜色选择，存储每像素所用的位数就是 n。不同色彩深度的对比如图 4-3 所示。

图 4-3　不同色彩深度的对比

6. 转场

　　转场是指在剪辑短视频的过程中，将两个不同的视频片段进行过渡效果的衔接，使得整个短视频看起来更加流畅、自然的技术。转场可以让短视频更加有视觉冲击力，提升整体观感；转场可以让短视频的节奏更加明显，增加整体的艺术效果；转场可以避免镜头间的跳动，使得观者更加容易接受短视频的内容。转场可以分为无技巧转场和技巧转场两类。

　　（1）无技巧转场

　　无技巧转场是利用镜头自然过渡，以此连接前后两个画面，强调视觉的连续性，具有镜头连接顺畅、自然的优势。无技巧转场的 6 种主要方式如表 4-1 所示。

表 4-1　无技巧转场的 6 种主要方式

无技巧转场方式	具体说明
同景别转场	前一个场景结尾的镜头与后一个场景开头的镜头景别相同
特写转场	不管前一组镜头的结尾镜头以什么景别结束，后一组镜头都从特写镜头开始，突出强调和放大局部，用来展现平时看不到的景物
声音转场	运用音乐、音响、解说词、对白等与画面配合实现转场
遮挡镜头转场	遮挡镜头转场是指在上一个镜头接近结束时，挪近被摄主体以挡住摄像机的镜头，下一个画面主体又从摄像机镜头前走开，以实现转场
相似体转场	前后两个镜头的主体相同或相似，或者在造型（如物体形状、位置、运动方向、色彩等）上具有一致性
运动镜头转场	运用摄像机或被摄主体的运动方式进行转场，可以连续展示一个又一个空间的场景，大多强调段落间的内在连贯性

　　（2）技巧转场

　　技巧转场是利用剪辑技巧连接镜头。它直接关系着短视频中时空的变换和画面内涵的拓展等，能够让观看短视频的用户产生不同的视觉心理效果。技巧转场的 7 种主要方式如表 4-2 所示。

表 4-2 技巧转场的 7 种主要方式

技巧转场方式	具体说明
淡入淡出转场	淡入淡出转场，指的是前一个镜头的画面由明变暗，直到黑场，后一个镜头的画面由暗转明，渐渐显现至正常的亮度
字幕转场	利用字幕的各种动画效果对镜头进行切换，通过添加字幕可以清楚地向用户交代时间、地点、背景、主题、人物关系等
缓淡减慢转场	通过放慢渐隐速度或添加黑场来实现转场，强调抒情、思索、回忆等情绪
闪白加快转场	掩盖镜头剪辑点，增强视觉跳动感，将画面转为亮白色
定格转场	将画面运动主体突然变为静止状态，强调细节，表达主观感受，增强视觉冲击力
叠化转场	前一个镜头画面与后一个镜头画面叠加，前一个镜头画面逐渐隐去，后一个镜头画面逐渐显现
空镜头转场	以景物为主，没有人物的镜头，它的作用一般是以刻画人物心理、渲染气氛为主

↘ 4.1.2 短视频剪辑的基本原则

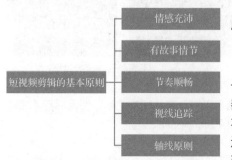

图 4-4 短视频剪辑的基本原则

短视频剪辑需要遵循以下原则，如图 4-4 所示。

1. 情感充沛

在一个短视频中，情感的表达是很重要的一部分，而剪辑是达到这一效果的有力的助推器。剪辑短视频时，需要为原有素材注入更加丰富的情感色彩，同时要注意确认每个镜头的运用、切换是否能够表达情感，是否有利于准确地传达情绪。

2. 有故事情节

故事情节是短视频的重要组成要素，它决定了短视频的内容是否流畅，情节是否有创意，高潮点是否能引发用户的好奇心。几乎每一个短视频都有其特有的故事情节，即使是时长仅有十几秒、内容简单的短视频，大多也有一定的故事情节。

不管是什么类型的短视频，都需要以故事情节为剪辑原则。剪辑工作就是要取其精华，去其糟粕，做到连贯、精练，不拖泥带水。

3. 节奏顺畅

剪辑节奏主要包括两个方面，一个是内容节奏，另一个是画面节奏。内容节奏主要是指剧情类短视频需要根据剧情发展确定内容节奏。在剪辑这类短视频时，要当机立断，把冗长、多余的人物对白和画面删除，留下对剧情发展有帮助的精华内容，以免节奏过于拖沓。但也不要为了过分追求精简而大篇幅地删减镜头，使重要内容丢失，导致剧情发展不连贯、太跳跃等。例如，在剪辑反转类短视频时，剪辑师需要在重点剧情之前适当铺垫内容，但内容不宜过长，否则容易让人丧失兴趣。

画面节奏主要是指音乐类短视频需要根据音乐的节奏确定画面的节奏。剪辑师会根据音乐的风格、节拍等来进行剪辑，最终呈现出一个画面与音乐完美融合的短视频。在剪辑这类短视频时，剪辑师要注意使镜头切换的节奏与音乐变换的节奏相同，给用户带来视觉与听觉的双重享受。

提示与技巧

　在剪辑任何类型的短视频的时候都要注意：让视频的节奏变成曲线，而不是直线，在该放缓的时候放缓，在该加速的时候加速，那样无论是可看性还是戏剧性都会提升很多。

4. 视线追踪

视线追踪就是短视频创作者想给用户传达什么，用户就看什么，引导用户的目光。这里我们把象限知识划分成第一、二、三、四象限。当拍摄者从其中一个象限向另一个象限运动的时候，用户的注意力也会随着运动方向改变，这就是视觉追踪。

虽然用户盯着屏幕在看，但是他们的注意力只会集中在一个地方。如果剪辑师可以引导用户的视线，并且让用户觉得很自然、很舒服，那么他在视线追踪上就做得很好。

5. 轴线原则

轴线又称为关系线或 180°线，在拍摄的时候，拍摄者可以围绕演员把整个场景想象成一个圆，在沿着演员视线的方向形成一条假想线。拍摄者在拍摄时，不管角度、运动多复杂都要遵循这一原则。剪辑也要遵循轴线原则，这样才能符合视觉感受，越轴很容易让用户产生空间错乱的感觉，不利于观看。

↘ 4.1.3　短视频剪辑的基本流程

短视频剪辑的基本流程主要包括研究和分析脚本、导入素材、裁剪素材、视频精剪、合成视频、导出视频等，如图4-5所示。

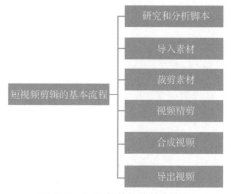
图4-5　短视频剪辑的基本流程

1. 研究和分析脚本

对准备好的短视频文学脚本和短视频分镜头脚本进行仔细和深入的研究，从主题内容和画面效果两个方面进行深入分析，为后续的剪辑工作提供支持。

2. 导入素材

将前期拍摄的素材文件导入短视频项目库中，如果有许多相同类型的素材，最好将其用中文命名。

3. 裁剪素材

审看全部的原始素材文件，然后从中挑选出内容合适、画质优良的素材文件，根据短视频脚本的结构顺序和编辑方案来进行裁剪，素材中难免有些不需要的地方，剪辑师可以将其裁剪掉，留下有用的部分。

4. 视频精剪

剪辑师对裁剪的短视频进行仔细分析和反复观看，然后在此基础上精心调整有关画面，包括剪辑点的选择、每个画面的长度处理、整个短视频节奏的把控、音乐音效的设计，以及被摄主体形象的塑造等，按照调整好的结构和画面制作新的短视频。

5. 合成视频

剪辑师为短视频添加字幕、解说，制作开头和结尾等，并将这些素材文件全部合成到短视频中，完成最终的短视频。

6. 导出视频

剪辑完成后，剪辑师可以采用多种形式导出制作完成的短视频，并将其上传至短视频平台。剪辑师必须按照短视频平台的要求进行导出，目前的短视频投放平台有高、中、低3种分辨率供用户选择。

4.2　短视频声音处理

对短视频来说，声音几乎是标配。声音是短视频中的听觉元素，它极大地丰富了短视频的内涵，并增强了短视频的表现力和感染力。下面讲述短视频声音处理，包括短视频中声音的类型、声音的录制方式、消除噪声、收集和制作各种音效等。

扫一扫

短视频声音
处理

4.2.1　短视频中声音的类型

短视频的声音有3种类型：人声、音乐和音响，如图4-6所示。3种声音的功能各异，人声以表意和传递信息为主，音乐以表达情感为主，音响以表现真实为主。

图4-6　短视频中声音的类型

1. 人声

短视频中的人声又称为语言，包括短视频中的对白、旁白、解说、喊叫声、哭声、笑声等，是人们传递交流信息和塑造人物的重要手段。人声与镜头画面有机结合能够起到叙述内容、揭示主题、表达情感、刻画人物性格、扩充画面信息量、展开故事情节等作用。

（1）对白：又称为对话，是指在短视频中人物之间进行交流的语言，它是短视频中使用最多，也是最重要的语言内容。

（2）旁白：以画外音形式出现的第一人称自述以及第三人称的议论和评说，介绍故事发生的时间、地点、背景、人物等因素。

（3）解说：以客观叙述角度来交代剧情或说明画面背后内容的表达方式，这种方式在纪录片、新闻报道、知识科普视频、电影解读类短片中运用最广泛。

2. 音乐

短视频音乐是指专门为短视频作品创作的音乐，或者选用现有的音乐进行编配的音乐，它是音乐的一种表现形式和艺术体裁。短视频音乐能带动用户的情绪，具有强烈的情绪色彩和感染力。短视频音乐不同于独立形式的音乐，从短视频音乐的结构、音效形态、表现手段等方面来看，其具有自身的艺术特征。

3. 音响

音响也称为效果声，它是短视频中除了人声和音乐之外的所有声音的统称。在短视频中各种音响以其各自不同的特性构成特殊的听觉形象，发挥增添生活气息、烘托环境、渲染气氛、推动情节发展、创造节奏等功能，增强了短视频的艺术效果。短视频中的音响可以是自然的，也可以是人工模拟的。

（1）动作音响：人或动物所产生的声音，如走路声、开门声、打斗声、奔跑声等。

（2）自然音响：自然界中除了人或动物产生的声音之外的各种声音，如风声、雷声、水流声、鸟叫声等。

↘ 4.2.2　声音的录制方式

短视频声音品质的好坏通常由其录音方式决定，拍摄短视频常用的录音方式主要有现场录音和后期配音两种。

1. 现场录音

现场录音是拍摄短视频十分常用的录音方式，但现场录音最容易受到环境的影响，所以，根据环境的不同通常又把现场录音分为户外现场录音和普通现场录音两种方式。

（1）户外现场录音

户外的噪声比较大，容易影响录音的效果，所以户外现场录音需要特别关注环境。通常户外现场录音可以分为以下两种情况。

➤ 杂音多、收音范围小：这种户外环境会严重影响录音效果，通常有两种解决方法。一种是使用专业的指向性话筒，并在剪辑流程中通过修音方式提高录音质量，但这种方法会提高短视频创作成本；另一种是更换拍摄环境。

➤ 环境空旷、杂音少：这种户外环境比较适合短视频拍摄，使用普通手机自带的麦克风就可以完成录音工作。

（2）普通现场录音

拍摄短视频时使用的现场录音设备主要有自带话筒、无线话筒、指向性话筒等，拍摄者通常应根据拍摄任务来选择合适的录音设备。

➤ 如果短视频的内容主要是室内活动或活动量不大的人物对白、人物简单表演或人物访谈，通常可以选择一拖一或一拖二的无线话筒进行现场录音。

➤ 如果短视频的内容主要是现场即兴活动、街头采访，或者拍摄主体的着装不方便使用无线话筒，又或者拍摄主体的运动幅度较大，可以选择指向性话筒进行现场录音。

➤ 如果短视频的拍摄主体或场景有较多运动或变化，则可以选择"指向性话筒＋挑杆"的组合，使话筒最大限度地接近声源，进一步提高录音的清晰度。

➤ 使用手机拍摄短视频时，拍摄者可以为手机配置一个专用录音小话筒，以提高录音质量。需要注意的是，小话筒的接口应与手机接口一致。

2. 后期配音

后期配音也是短视频创作中比较常用的录音方式。后期配音通常有以下3种方式。

（1）专业配音：专业配音就是找专业的配音公司为短视频内容进行录音，他们的专业性是普通人比不了的，且他们的发音和情感都非常出色。通常微电影、宣传片、广告片等都会使用专业配音，但成本较高。

（2）自己配音：自己配音就是短视频创作者录制自己的声音来作为短视频旁白或人物声音。自己配音不能"三分钟热度"，要多实践和练习，认真研究每个字的发音和语调。这个过程中最重要的是对细节与技巧的掌握，如果长期坚持，一定会有收获。自己配音通常会选择在安静的环境中进行，有条件的可以在录音棚内录音。

（3）软件配音：软件配音就是将录制的声音通过软件转换成标准的电子声音。如今，随着互联网科技的迅速发展，各种各样的配音软件如雨后春笋般不断涌现，各种特色的配音软件比比皆是，有收费的也有免费的。

↘ 4.2.3 消除噪声

噪声会严重影响用户观看短视频的听觉感受，所以，在剪辑短视频时，剪辑师应消除视频素材中的噪声。Premiere自带降噪功能，可以减少或消除短视频素材中的噪声。下面利用Premiere自带的降噪功能消除视频素材中的背景噪声，其具体操作步骤如下。

（1）将需要降噪的视频素材导入"项目"面板并拖动到"时间轴"面板中。

（2）预览视频效果时，剪辑师可以听到很大的背景噪声。在"效果"面板中展开"音频效果"选项，在音频轨道中使用鼠标右键单击效果图标，在弹出的快捷菜单中执行"降噪 > 补充增益"命令，如图4-7所示。

（3）在"预设"下拉列表中选择"强降噪"选项，如图4-8所示。关闭该对话框后，预览视频效果，即可发现视频中的噪声几乎被消除了。

图4-7　设置降噪

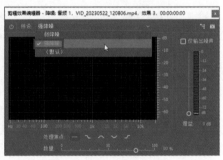

图4-8　选择"强降噪"选项

↘ 4.2.4 收集和制作各种音效

在短视频中，音效是一种由声音所制造出来的效果，其功能是为一些场景增添真实感、烘托气氛等。剪辑师在剪辑短视频时，在不同的场景添加不同的音效，可以突出短视频内容所要表达的效果。

1. 软件自带

短视频剪辑软件大多自带一些音效，在剪辑短视频时可以直接下载和使用。例如，快剪辑中有恐怖、铃声、大自然、环境氛围等多种类型的音效，如图4-9所示。剪映中则有热门、笑声、综艺、机械等多种类

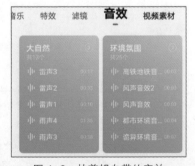

图4-9　快剪辑自带的音效

型的音效，如图 4-10 所示。

2. 网上下载

专业的素材网站中有可以下载的各种音效，如站长素材、淘声网和爱给网等。这些网站汇聚了各种奇妙的声音效果，很多专业录音师和声音爱好者参与了分享，声音的资源非常丰富。这些网站的资源分类明确，用户很容易就能精确查找到需要的音效，还可以试听后再下载。图 4-11 所示为爱给网的音效库。

图 4-10　剪映自带的音效　　　　图 4-11　爱给网的音效库

3. 软件制作

大多数的短视频剪辑软件都能制作音效，其方法是将需要的音效所在的视频进行音画分离，然后分割音频轨道中的音频素材，保留需要的音频作为音效。以 Premiere 为例，剪辑师将视频素材导入"时间轴"面板中，然后进行音画分离，并将视频轨道中的视频素材删除，然后分割音频素材，最后将多余的音频删除，并将需要的音频导出为音频文件。

4.3　短视频节奏处理

短视频节奏是短视频制作中非常重要的部分，有节奏的短视频能够引人入胜，没有节奏的短视频会让人觉得很拖沓，没有兴趣继续看下去。下面介绍短视频节奏分类和短视频节奏的剪辑技巧。

扫一扫

短视频节奏处理

↘ 4.3.1　短视频节奏分类

节奏是一件事情或者一个故事在起因、经过和结果 3 个要素中的情节变化和叙事性体现。短视频节奏分为以下几类。

1. 内部节奏和外部节奏

内部节奏是由剧情发展的内在矛盾冲突和人物内心情感变化而形成的节奏。它是一种故事节奏，往往通过戏剧动作、场面调度、人物内心活动来显示，如从开心到悲伤、从平静到震惊等，大多数情况下伴随着的还有语言及动作的改变。

外部节奏是由镜头本身的运动以及镜头转换频率所形成的节奏，它往往通过镜头运动、剪辑方式等来体现，如镜头运动速度突然加快或者放慢，对某个细节进行放大，以及对人物所处环境的色调进行调整。图 4-12 所示为通过镜头运动来表现出景物切换的节奏。

图 4-12　通过镜头运动来表现出景物切换的节奏

🔍 **提示与技巧**

内部节奏与外部节奏的关系：内部节奏直接决定着外部节奏的变化，外部节奏往往反过来影响内部节奏的演变，二者之间是一种辩证统一的关系。一般情况下，短视频作品的外部节奏与内部节奏应该保持一致，相互协调。

2. 视觉节奏和听觉节奏

视觉节奏指通过画面形象表现出来的节奏。依靠视觉形象的张弛、远近、长短等所形成的运动构成了短视频中的视觉节奏。视觉节奏的表现有短视频中主体的运动、表情与动作，摄像机升降推拉位移，蒙太奇剪辑镜头的长短等。

听觉节奏指通过听觉形象表现出来的节奏。一切诉诸用户听觉的有规律的轻、重、强、弱交替出现的声音层次构成了短视频的听觉节奏。听觉节奏的表现有短视频中人物的对话、解说、主体与环境交互产生的音效、渲染气氛的音乐等。

↘ 4.3.2　短视频节奏的剪辑技巧

剪辑师只有把握好短视频的节奏，才能有效地传达出想要表达的意思，制作出让人满意的作品。常用的短视频节奏剪辑技巧主要有以下几种。

1. 依据内容调整节奏

短视频的题材、内容、结构决定着作品的整体节奏。短视频后期剪辑手法多种多样，采用不同的剪辑手法会产生不同的节奏效果。通过镜头剪辑频率、排列方式、镜头长短、轴线规则等，可以有效调整作品段落的不同节奏。例如，剪辑师可以运用重复的剪辑手法，突出重点，强化节奏；剪辑师还可以运用删除的剪辑手法，精简篇幅，控制节奏，以符合整体节奏的要求。

2. 协调人物动态

人物动作的幅度、力度、速度的变化都会引起剧情节奏起伏的变化。对于主体运动过程太长的镜头，剪辑师可以通过剪辑中的快动作镜头加以删减，以加快叙事的进程；对于一些心理活动时间长的情节，剪辑师可以通过慢镜头剪辑加以实现。

动作节奏的把握要根据特定的情节和人物性格而定，剪辑师通过对人物动作进行合理的选择、安排和协调，可使人物动作镜头组接的节奏既符合生活的真实，又符合艺术表现。

3. 合理利用造型元素

对短视频进行剪辑处理时，剪辑师可通过调整造型元素来打造新的节奏感，如合理的景别切换、角度选择、线条运用、色彩改变以及光影明暗对比调整等，进而获得符合艺术表现的视觉节奏。剪辑师可通过不同景别镜头的灵活组接，表现出与剧情发展相适宜的视觉节奏。图 4-13 所示为通过不同镜头的剪辑处理体现出短视频的节奏。

图 4-13　通过不同镜头的剪辑处理体现出短视频的节奏

4. 节拍的快慢

节奏的节拍可快可慢，运动的物体可以产生节拍，静止的物体也可以产生节拍，在剪辑中镜头的切换也能产生节拍。单个画面中的抽象结构可以控制整个画面的情绪，节拍的快慢可以体现多种多样的情绪。

较快的节拍可以传达出愉快、兴奋、喜悦的情绪，而较慢的节拍可以强化平静、忧郁、悲伤的情绪。

画面中的演员是体现节奏的重要元素，所以剪辑师可以为不同的角色设计不同快慢的节拍，其与每个角色的性格、思想，以及在这个场景中的情绪有关联。在一个动作或事件中，节拍的速度不是固定不变的，可以在过程中加快或减慢。

5. 准确处理时空关系

在对短视频进行剪辑处理时，剪辑师要把握好镜头之间的时空关联性。为了避免有突兀感，时空的转换通常在不同场景的镜头之间进行。剪辑师可通过景物镜头的淡入淡出、叠化等技巧性处理，确保不同时空之间镜头缓慢自然过渡，使前后节奏平稳。图 4-14 中，剪辑师通过镜头的运动与不同场景的叠化处理，很好地实现了不同场景镜头之间的自然过渡。

6. 压缩长镜头

在制作短视频的时候，如果感觉镜头比较长，可以利用变速的方式，对前面推进的部分进行加速，等到了需要展示的主体部分时，再将速度变缓。这样一来，就可以让长镜头的时间变短，而且不会影响整体效果，短视频的"节奏感"也可以有所表现。

图 4-14　通过镜头的运动与不同场景的叠化处理实现自然过渡

7. 和音乐结合卡点

我们平时在刷短视频的时候，遇到卡点短视频，总是会觉得非常有趣，甚至自己都会不自觉地跟着节奏摇摆起来，这其实就是节奏的魅力。剪辑师要充分利用声音的节拍、速度、力度的变化形成的韵律，强化短视频的节奏感。

4.4　短视频调色处理

色彩对人的视觉冲击非常强，不同的色彩会带给用户不同的心理感受。调色是短视频剪辑中非常重要的环节。剪辑师要想在短视频中调制出符合短视频特色的色彩，就需要了解调色的主要目的，以及调整短视频色彩的操作。

4.4.1　调色的主要目的

很多人认为自己拍摄的画面无论是清晰度还是拍摄技巧都不错，但总是觉得缺少了点儿东西，其实大多数时候缺少的就是调色。剪辑师通过调色可以使画面更"声色并茂"，让用户从中感受到各种人物和环境所表达的情感，调动用户的观看情绪，增强视觉体验。通常来说，调色的目的有以下几个方面。

1. 还原真实色彩

无论拍摄器材的性能多么优越，都会受到拍摄技术、拍摄环境和播放设备等多种因素的影响，最终展示出来的短视频画面的色彩与人眼看到的现实色彩仍然有一定的差距，所以，剪辑师需要进行调色来最大限度地还原真实的色彩，如天空的颜色、皮肤的色调等。图4-15和图4-16所示为调色前后的效果，调色后会还原真实色彩。

图 4-15　调色前的效果　图 4-16　调色后的效果

2. 添加独特风格

调色可以为短视频画面添加独特的风格，通过调色将各种情绪和情感投射到短视频画面中，为短视频创造出独特的视觉风格，从而影响用户的情绪，让用户产生情感共鸣。图 4-17 所示为通过调色添加独特风格。

3. 突出画面的主题和情感

调色也可以突出画面的主题和情感，如使用暖色调来表达温暖、浪漫的氛围，使用冷色调来表达冷酷、压抑、紧张的氛围，使用黑白色让人怀旧，使用红色让人感到温暖、热情，使用蓝色让人更客观、冷静。

在调色过程中，剪辑师要根据短视频的风格，采用恰当的冷暖色调，甚至通过冷暖色调的反差和对比，如图 4-18 所示，进一步强化主观的视觉感受，让用户潜移默化地受到作品色调的影响，从而实现作品思想的有效传达。

图 4-17　通过调色添加独特风格

↘ 4.4.2　调整短视频色彩

一个画面感好的短视频，调色起到了至关重要的作用。通过调色，剪辑师不仅可以赋予短视频画面艺术美感，还可以通过色彩表达情感。本小节通过剪映的调节工具调整短视频色彩。

图 4-18　冷暖色调的反差和对比

提示与技巧

前期短视频拍摄完成后，剪辑师根据短视频风格确定色调风格后，再对素材进行色彩校正、调整，把之前拍摄过程中不足的地方，如画面暗淡、光线不足等，通过调节白平衡、色调、饱和度，降低阴影，提高高光亮度和画面对比度，这样会使得整体画面更有强烈对比，看起来更有层次感。

剪辑师使用调节工具可以对选中的短视频进行调色，左右拖动圆形控制点可以改变调节效果。点击"重置"按钮，会重置及取消当前所有的调节效果。调节工具会生成对应的调节轨道，可以有多条。

选中调节轨道，剪辑师可以选择应用的时间和时长，也可以重新调节效果。不同调节轨道的调节效果可以叠加。

（1）在"剪辑"界面的底部工具栏中左右滑动找到并点击"调节"按钮，如

图 4-19 所示。

（2）打开图 4-20 所示的"调节"界面，在这里点击相应按钮，可进行亮度、对比度、饱和度、光感、锐化、高光、阴影、色温、色调、褪色等的调节。比如点击"饱和度"按钮，然后拖曳圆形控制点，即可调节所选素材的画面饱和度，如图 4-21 所示，点击"重置"按钮则取消所有的调节效果。

图 4-19　点击"调节"按钮　　　图 4-20　"调节"界面　　　图 4-21　调节饱和度

> 亮度：调整画面的明暗。
> 对比度：调整画面明暗的对比强度。
> 饱和度：调整画面颜色的鲜艳程度。
> 光感：调整画面的光感。
> 锐化：快速聚焦模糊边缘，提高画面中某一部位的清晰度，使画面特定区域的色彩更加鲜明，但是过度锐化效果反而不好。
> 高光：调整画面中高光部分的亮度，用来处理过度曝光。
> 阴影：调整画面中阴影部分的亮度，用来处理曝光不足。
> 色温：表示光线中包含颜色成分的计量单位。当我们利用自然光（太阳光）进行拍照时，因为不同时间段光线的色温不一样，所以拍摄出来的照片色彩也不一样，我们可以根据当时拍摄的环境来调整色温。
> 色调：指整体画面的色彩成分偏于哪种色彩，比如偏于冷色调或暖色调可以通过调整色调来实现。
> 褪色：减少画面中的色彩成分。

4.5　短视频字幕处理

字幕是指以文字形式显示在短视频中的各种用途的文字，也泛指作品后期加工的文字。添加字幕能够帮助用户节省时间，使用户更好地理解短视频要表达的意思。

扫一扫

短视频字幕处理

↘ 4.5.1 字幕的作用

短视频字幕是短视频的一个有机组成部分，是画面、声音的补充和延伸，在短视频作品中具有不可代替的地位和作用。

1. 揭示主题，增强记忆力

好的短视频标题字幕能够揭示主题，加深用户对短视频的记忆。图 4-22 所示为短视频的标题字幕。早在 20 世纪初，无声电影就开始添加字幕了，当时字幕叫作"字幕卡"，"字幕卡"起到引导剧情发展、介绍剧情场景的作用，甚至专门设立了字幕奖。虽然大家现在看的都是有声视频，但是字幕的这种作用并没有完全消失。

图 4-22 短视频的标题字幕

2. 说明性字幕阐释作用

说明性字幕包括画面提示、台词、解说、必要的说明、外文同声翻译等。对于运用了画外音解说词，但还不能完全表达清楚内容的短视频，说明性字幕可派上用场。说明性字幕通过阐释短视频中需要强调、解释说明的内容，可有效增加其信息量。图 4-23 所示为短视频中的说明性字幕效果。

图 4-23 短视频中的说明性字幕效果

3. 帮助听障人士

对普通人来说，看懂没有字幕的视频没什么问题。但对于有听力障碍的用户来说，看懂视频必须要有字幕。世界聋人联合会的调查表明，全世界目前大约有 7000 万人存在听力障碍，这些都是潜在的目标受众，添加字幕可以帮助这类群体。

4. 观看短视频更加自由

不管是在嘈杂的地铁站、公交车、火车站，还是在安静的图书馆，用户完全可以关掉短视频声音，通过字幕欣赏短视频内容。

5. 向世界传递信息

短视频之所以能如此受欢迎，是因为视频比图文、声音更加具备可传播性。如果短视频创作者想向全世界推销自己的商品，添加字幕就是一种很好的方式，比起重新制作短视频或者重新配音，显然把原字幕翻译成当地语言能省下不少钱。

6. 增强公司官网吸引力

添加了字幕的短视频的观看次数一般多于未添加字幕的短视频，如果公司官网有短视频，比如公司宣传短视频、商品宣传短视频等，且短视频添加了字幕，部分搜索引擎会更容易识别到短视频内容，用户能通过搜索到的短视频可进入公司官网。

 素养课堂

短视频字幕乱象该整治了

为了方便网民观看，大多数短视频都添加了合适的背景音乐和字幕，以增加短视频的趣味性和吸引力。不过，一些短视频字幕从标题到内容，错别字频出，很容易给青少年甚至全社会带来错误示范和引导，扰乱网络生态秩序，影响短视频平台的高质量发展。

短视频创作者添加字幕没有编校环节，常常会导致字幕错误百出。一些人总想别出心裁、标新立异，于是剑走偏锋，往往突破常规。短视频字幕中出现的错别字，有些是常见错误，如"的""地""得"等同音字混用；部分短视频创作者还故意使用一些错别字，乱改成语、用字母代替汉字等。另外，还有的短视频创作者为规避平台对涉暴、涉黄等字眼的禁用，有意使用错别字代替敏感字眼。更有一些短视频创作者，为了逃避检查而用一些符号、字母代替关键词。

在未成年网民中，经常在互联网上观看短视频的占47.6%。青少年正处于规范汉语的学习过程中，判断能力不强，遇到错别字难以分辨。这些字幕中的错别字势必会在潜移默化中给他们带去不良的示范和引导。

文字的规范使用不是小事。《中华人民共和国国家通用语言文字法》规定，国家推广普通话，推行规范汉字。文字是人类获取知识的重要途径，短视频创作者和平台都应重视文字的规范使用。

在短视频的制作、发布与管理中，用好、用对基本的汉字，既是对我们传统语言文字的必然规范，也是对历史文化的守正传承，更是中华文化正确传播的必然要求。

↘ 4.5.2 为短视频字幕选择合适的字体

短视频创作者为短视频的字幕选择合适的字体，不仅可以使短视频的内容表达更加清楚，还可以丰富短视频的视觉美感。在为短视频字幕选择字体时，短视频创作者需要根据短视频的内容及风格来选择合适的字体。如何为短视频字幕选择合适的字体呢？下面介绍一些短视频字幕字体的选择方法和技巧。

常用的字体主要有宋体、楷体、黑体等。宋体棱角分明，一笔一画非常平直，横细竖粗，适合偏纪实风格或风格比较硬朗、比较酷的短视频，如纪录类、时尚类、文艺类短视频。图4-24所示为使用宋体作为短视频字幕字体的效果。

楷体是一种书法字体。大楷适用于庄严、古朴、气势雄厚的建筑景观短视频，也适用于传统、复古风格的短视频。图4-25所示为使用大楷字体作为短视频字幕字体的效果。

小楷字体纤细、清秀，非常适合用作短剧旁白的字体。图4-26所示为使用小楷字体作为短视频字幕字体的效果。

还有一些经过特别设计的书法字体，书法字体都有很强的笔触感，很有挥毫泼墨的感觉，非常适合风格强烈的短视频。图4-27所示为使用特殊书法字体作为短视频字幕字体的效果。

图4-24 使用宋体作为
短视频字幕字体的效果

图4-25 使用大楷字体作
为短视频字幕字体的效果

黑体横平竖直，没有非常强烈、鲜明的特点，因此，黑体是最百搭、最通用的字体之一。在无法确定应该为短视频字幕选择何种字体时，选择黑体基本不会出错。图4-28所示为使用黑体作为短视频字幕字体的效果。

图4-26 使用小楷字体作
为短视频字幕字体的效果

图4-27 使用特殊书法字体
作为短视频字幕字体的效果

图4-28 使用黑体作为
短视频字幕字体的效果

实战案例讲解——小清新风格短视频的色调处理

下面利用Premiere中的调色参数，通过基础调色将短视频调整为小清新风格，其具体操作步骤如下。

（1）将需要调色的视频素材导入"项目"面板并拖动到"时间轴"面板中。

（2）在"Lumetri颜色"面板中，展开"基本校正"选项，在"色调"参数栏中调整各个参数，这里由于视频素材的光线较暗，因此可以把画面的曝光、对比度、高光和阴影都调高一些，再适当调低饱和度，让短视频画面显得更明朗，如图 4-29 所示。

图 4-29　调整各个参数

（3）展开"创意"选项，在"调整"参数栏中，增加"淡化胶片"数值以增加视频画面的胶片质感，适当增加"锐化"数值以提高视频画面的清晰度，并适当增加"自然饱和度"数值，如图 4-30 所示。

图 4-30　增加数值

（4）展开"曲线"选项，在"RGB 曲线"参数栏中单击红色色块，然后在下面的窗格中拖动调节红色曲线，将高光部分曲线提高，阴影部分曲线拉低，如图 4-31 所示。

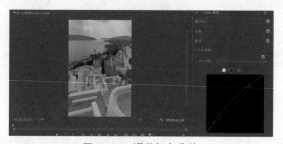

图 4-31　调节红色曲线

（5）用同样的方法调整绿色曲线和蓝色曲线，都是将高光部分曲线提高，阴影部分曲线拉低，完成小清新风格的短视频调色。

【思考与练习】

一、填空题

（1）＿＿＿＿＿＿＿＿用于测量单位时间内采集、播放显示的帧数的量度，用帧 / 秒表示。

（2）_____表示在位图或者视频帧缓冲区中存储1像素的颜色所用的位数。

（3）剪辑节奏主要包括两个方面，一个是_____，另一个是_____。

（4）短视频的声音有3种类型：_____、_____、_____。

二、选择题

（1）（   ）指前后两个镜头的主体相同或相似，或者在造型（如物体形状、位置、运动方向、色彩等）上具有一致性。

A. 相似体转场　　　B. 同景别转场　　　C. 特写转场　　　D. 同景别转场

（2）（   ）决定了短视频的内容是否流畅，情节是否有创意，高潮点是否能引发用户的好奇心。

A. 节奏顺畅　　　B. 故事情节　　　C. 情感充沛　　　D. 视线追踪

（3）（   ）是指在短视频中人物之间进行交流的语言，它是短视频中使用最多，也是最重要的语言内容。

A. 旁白　　　　B. 解说　　　　C. 对白　　　　D. 配音

（4）关于短视频的说法不正确的选项是（   ）。

A. 现场录音是拍摄短视频十分常用的录音方式

B. 户外的噪声比较大，容易影响录音的效果

C. 使用手机拍摄短视频时，拍摄者可以为手机配置一个专用录音小话筒

D. 专业配音就是将录制的声音通过软件转换成标准的电子声音

三、思考题

（1）短视频剪辑的基本原则是怎样的？

（2）短视频剪辑的基本流程是怎样的？

（3）声音的录制方式有哪些？

（4）收集和制作各种音效的常见途径有哪些？

四、实操训练

在"剪辑"界面的底部工具栏中左右滑动找到并点击"调节"按钮，如图4-32所示，打开图4-33所示的"调节"界面，在这里点击相应按钮，进行亮度、对比度、饱和度、光感、锐化、高光、阴影、色调、褪色、暗角等的调节。点击"饱和度"按钮，然后拖曳圆形控制点，调节所选素材的画面饱和度，如图4-34所示，点击"重置"按钮取消所有的调节效果。

图4-32　点击"调节"按钮　　图4-33　"调节"界面　　图4-34　调整饱和度

第 5 章
拍摄与制作抖音短视频

随着短视频行业的快速发展，短视频 App 不仅在数量上呈指数级增长，而且在功能上也有了很大的创新和进步。抖音这一短视频 App 具备多种拍摄短视频的功能，而且其自带的编辑功能也十分强大，能够让短视频创作者方便地拍摄和制作精彩的短视频。本章将分别介绍拍摄抖音短视频的方法和抖音短视频的特效应用等内容。

【学习目标】

➢ 掌握拍摄抖音短视频的方法。
➢ 掌握抖音短视频后期制作的方法。
➢ 掌握抖音短视频的发布技巧。

【导引案例】北大硕士放弃高薪工作，凭借短视频在抖音"火"了

2023 年刚满 27 岁的周泽园是一名选调生，北京大学硕士研究生毕业的他，2023 年来到枫泾镇兴塔村开启了"驻村模式"，用年轻人的思路开始尝试在抖音上分享自己的见闻和感想。让周泽园没想到的是，一时间他竟成为小有名气的"兴塔小周"，短视频也成为乡村振兴的"新农具"。

在开展日常工作的过程中，周泽园发现村里有很多特色资源，便萌生了发挥自身优势在网络上宣传乡村的想法。然而短视频的拍摄与制作并非一件易事。为了能达到预期效果，周泽园还特意购买了网课进行系统学习。下班之后，他就一门心思钻研拍摄方法和撰写剧本。

让人欣喜的是，周泽园的努力有了回报。他利用抖音平台推介兴塔村后，吸引了不少人的关注。短短 3 个月，他发布的 5 条短视频吸粉近万人，获赞数约 4.4 万，总播放量超 138 万。

有统计数据显示，"80 后"和"90 后"已成为旅游消费的主力，他们更习惯于借助新媒体来了解某座城市、某个景点、某个乡村。所以有人开玩笑说："在抖音上录几个小视频，比花钱打广告还要管用。"

其实，抖音绝大部分的创意和智慧都来自民间，动脑筋、亮特色、巧推介，从中发现乡村旅游的商机，实现真正的全民参与传播。当乡村旅游遇上抖音，乡村的魅力会传得更远，希望能够有更多的农村人认真打造"抖音里的乡村"。2022 年抖音乡村内容获赞数超 415 亿次、评论数超 58 亿条。其中，乡村文旅打卡点约 15 万个，打卡内容有 6000 余万个。

思考与讨论

（1）如何通过短视频做好乡村旅游宣传？

（2）如何使用抖音拍摄短视频？

5.1　拍摄抖音短视频

下面介绍如何拍摄抖音短视频，包括使用美化功能、分段拍摄、添加背景音乐、使用快 / 慢速拍摄、使用道具拍摄等内容。

↘ 5.1.1　使用美化功能

抖音自带的美化功能还不错，美化的程度也可以自行设置和调节。许多抖音用户在拍摄短视频时对美化功能的应用是十分看重的。

下面我们将介绍在拍摄抖音短视频时如何使用美化功能，具体操作步骤如下。

（1）打开抖音，点击下方的 图标，如图 5-1 所示。

（2）进入拍摄界面，在右侧点击"美颜"图标，如图 5-2 所示。

（3）在下方可以调整"磨皮""瘦脸""大眼""眼妆"等参数，如图 5-3 所示。

图 5-1　点击 图标

（4）在右侧点击"滤镜"图标，在底部选择想要使用的滤镜，如点击"料理"图标，即可美化短视频，如图 5-4 所示。

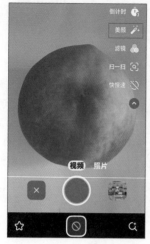

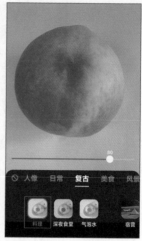

图 5-2　点击"美颜"图标　　图 5-3　调整美颜参数　　图 5-4　点击"料理"图标

↘ 5.1.2　分段拍摄

抖音的短视频拍摄工具支持分段拍摄短视频，拍摄者可以在拍摄完一段视频后，继续拍摄下一段视频。分段拍摄的具体操作步骤如下。

（1）打开抖音，进入拍摄界面，底部显示的是"照片"选项，如图 5-5 所示。

（2）选择"视频"选项即可切换至视频拍摄界面，如图 5-6 所示。

（3）选择显示"快拍"界面，这里选择"分段拍"选项即可，如图 5-7 所示，有 15 秒、60 秒和 3 分钟 3 种时长。

扫一扫

分段拍摄

图 5-5　"照片"选项　　图 5-6　视频拍摄界面　　图 5-7　选择"分段拍"
　　　　　　　　　　　　　　　　　　　　　　　　　　　　　　选项

（4）点击"拍摄"按钮，开始拍摄，拍摄4秒后，点击"拍摄"按钮暂停拍摄，如图5-8所示。

（5）点击"拍摄"按钮继续拍摄，拍摄完毕后，点击右侧的"特效"图标，如图5-9所示。

（6）为视频添加所需要的特效，如图5-10所示。

图5-8 暂停拍摄　　图5-9 点击"特效"图标　　图5-10 添加特效

（7）点击"下一步"按钮，在分段拍摄时，可以先保存为草稿，如图5-11所示。然后返回继续拍摄，在抖音中打开"草稿箱"界面，如图5-12所示，选择分段拍摄的短视频。

图5-11 保存为草稿　　图5-12 "草稿箱"界面

（8）进入"发布"界面，点击左上方的"返回编辑"图标，如图5-13所示。

（9）进入短视频编辑界面，点击左上方的"继续拍摄"按钮，如图5-14所示。

图 5-13 点击"返回　　　　图 5-14 点击"继续
编辑"图标　　　　　　拍摄"按钮

↘ 5.1.3 添加背景音乐

短视频创作者要想让创作的短视频获得足够高的人气，就要为其配上十分恰当的背景音乐。背景音乐具有强烈的表现力，可以迅速与短视频结合起来，增强短视频的表达效果，让浏览者的情感与短视频的内容融合在一起。在抖音短视频中添加背景音乐的具体操作步骤如下。

（1）打开抖音，打开要添加音乐的短视频，点击"选择音乐"按钮，如图 5-15 所示。

（2）进入选择音乐界面，播放系统自动推荐的歌曲，如图 5-16 所示。

图 5-15 点击"选择音　　　图 5-16 播放系统自动推
乐"按钮　　　　　　　　荐的歌曲

（3）自由选择想要的音乐，如图 5-17 所示。

（4）点击"音量"按钮，打开图 5-18 所示的界面，可以调整原声和配乐的音量大小。

图 5-17　自由选择音乐　　图 5-18　调整音量界面

5.1.4　使用快 / 慢速拍摄

用户在使用抖音拍摄短视频的过程中，可以自主调节拍摄速度。快慢速调整功能有助于用户找准节奏，调整音乐和短视频的匹配度。另外，不同的拍摄速度也能有效避免内容的同质化，因为即使是相似的内容，不同的拍摄速度所呈现出的效果也是不同的。

在抖音中我们可以通过"快慢速"功能控制拍摄速度，具体操作步骤如下。

（1）打开抖音，进入拍摄界面，点击右侧的"快慢速"图标，如图 5-19 所示。

（2）点击"慢"按钮，切换为慢速拍摄模式，如图 5-20 所示。

（3）在拍摄过程中可以暂停，点击"快"按钮切换为快速拍摄模式，如图 5-21 所示。

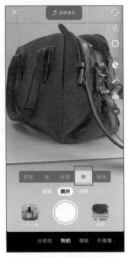

图 5-19　点击"快慢速"　　图 5-20　切换为慢速　　图 5-21　切换为快速
　　　　图标　　　　　　　　拍摄模式　　　　　　　　拍摄模式

⚙ **提示与技巧**

　　需要注意的是，拍摄者在拍摄过程中若随意切换速度，容易导致短视频出现卡顿现象。在进行快/慢速拍摄时，选择"极快"拍摄，短视频录制的速度却是最慢的；而选择"极慢"拍摄，短视频录制的速度却是最快的。其实，这里所说的速度并不是我们看到的录制速度的快慢，而是镜头捕捉速度的快慢。

↘ 5.1.5　使用道具拍摄

　　拍摄者在拍摄抖音短视频时，使用道具拍摄可以美化短视频，产生生动有趣、颇具创意的视频效果，给用户带来别具特色的视觉体验。下面我们将介绍如何在抖音中使用道具拍摄带有特效的视频，具体操作步骤如下。

　　（1）进入抖音拍摄界面，点击左下方的"特效"图标，如图5-22所示，打开道具列表。点击右侧的 🔍 图标，如图5-23所示，展开道具列表，如图5-24所示，系统会自动推荐并使用第一个道具。

图5-22　点击"特效"图标　　图5-23　点击 🔍 图标　　图5-24　道具列表

　　（2）选择所需的道具，即可下载并应用该道具特效，如图5-25所示。点击道具列表左上方的"收藏"按钮可以收藏道具。

　　（3）每种道具都有其特殊的用法，选择道具后，就会自动应用该道具并显示动态效果，如图5-26所示。

　　（4）在浏览抖音短视频时，若某短视频使用了道具，用户名上方将显示该道具名称，点击该道具名称，如图5-27所示。

　　（5）在打开的界面中点击"收藏"按钮可以收藏道具，点击下方的"拍同款"按钮可以使用该道具进行拍摄，如图5-28所示。

　　（6）点击抖音短视频右侧的"分享"按钮，在打开的界面中点击"同款特效"按钮，如图5-29所示，也可以快速使用该道具进行拍摄。

图 5-25 应用道具特效

图 5-26 应用道具并显示动态效果

图 5-27 点击道具名称

图 5-28 点击"拍同款"按钮

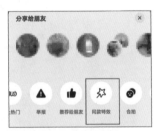

图 5-29 点击"同款特效"按钮

5.2 抖音短视频后期制作

下面介绍抖音短视频后期制作,包括添加特效、添加文字、添加贴纸、自动识别字幕等。

5.2.1 添加特效

为短视频添加抖音特效,可以使其显示效果更加炫酷,更具创意,给用户带来绝佳的视觉体验。短视频创作者为短视频添加特效的具体操作方法如下。

（1）使用抖音拍摄或者上传短视频,在短视频编辑界面右侧点击"特效"按钮,如图 5-30 所示。

扫一扫

添加特效

（2）进入特效界面，点击"天花乱坠"特效，开始播放短视频并应用特效，如图 5-31 所示。

（3）点击"落日收藏夹"特效，可以实现九屏效果，如图 5-32 所示。

图 5-30　点击"特效"
按钮

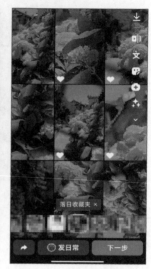

图 5-31　"天花乱坠"特效
的应用效果

图 5-32　"落日收藏夹"
特效的应用效果

（4）点击"粉紫墨镜"特效，可以实现四屏效果，如图 5-33 所示。

（5）点击"双屏镜框"特效，可以实现双屏效果，如图 5-34 所示。

（6）点击"幸福时光"特效，效果如图 5-35 所示。

图 5-33　"粉紫墨镜"
特效的应用效果

图 5-34　"双屏镜框"
特效的应用效果

图 5-35　"幸福时光"
特效的应用效果

（7）点击"樱花四屏"特效，可以实现樱花四屏效果，如图 5-36 所示。

（8）点击"好心情"特效，效果如图5-37所示。

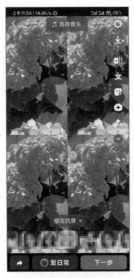

图5-36 "樱花四屏"　　　　图5-37 "好心情"

特效的应用效果　　　　　　特效的应用效果

5.2.2 添加文字

在抖音中可以很方便地为短视频添加文字，具体操作方法如下。

（1）在短视频编辑界面右侧点击"文字"按钮，输入所需的文字，如图5-38所示，并设置文字的格式，然后点击右上方的"完成"按钮。

（2）在短视频中点击添加的文字，在弹出的菜单中点击"设置时长"按钮，如图5-39所示。

（3）进入"时长设置"界面，拖动下方左右两侧的边框，调整文字的开始和结束位置，如图5-40所示，然后点击右下方的☑图标即可。

图5-38 输入文字　　图5-39 点击"设置时长"按钮　　图5-40 设置时长

素养课堂

短视频文案多次违规将被永久封号

微信、抖音、微博等平台分别发布公告，针对自媒体违规发布财经新闻、歪曲解读经济政策、充当"黑嘴"博人眼球、造谣传谣、敲诈勒索等行为开展专项整治行动，净化网络环境。专项整治行动将重点解决一些平台和自媒体片面追逐商业利益，为吸引眼球炒作热点话题、违规采编发布互联网新闻信息、散播虚假信息等网络传播乱象。

抖音打击同质化文案博眼球短视频，多次违规直接封号。抖音成立专项小组，通过优化模型策略、升级商品功能等手段，对发现的为了博取流量虚假捏造同质化文案、有组织联动违规账号等行为进行从严处置，包括禁止投稿、禁言等。

抖音发布《2023年第一季度安全治理透明度报告》（以下简称《报告》），《报告》显示，以虚假摆拍、仿冒他人、伪公益为重点的不实信息治理，以及包括"商铺售卖"在内的网络诈骗治理，成为本季度平台治理的重点。抖音还重点处理了包括虚假摆拍、造谣传谣、同质化文案、伪公益等不实信息，共处罚2900个违规传播不实信息的账号，处置视频158万条，发送警示条135万个。

同时，为治理侵权等不当行为，平台还上线了原创保护中心，为短视频创作者提供更多维权服务。部分用户为了博取流量、关注，在平台上利用同质化抄袭文案，发布不实信息。此类行为不仅破坏了平台健康的生态，也影响了优质的用户内容体验。

互联网不是法外之地，短视频创作者也应严格遵守相关法律法规，依法策划、文明写作，共同维护良好的网络舆论生态。

5.2.3 添加贴纸

编辑抖音短视频时可以为其添加有趣的贴纸，具体操作步骤如下。

（1）在短视频编辑界面右侧点击"贴纸"图标，在弹出的界面中选择要使用的贴纸，如图5-41所示。

（2）选择的贴纸会出现在短视频中，拖动贴纸并调整好位置后，即为短视频添加好了贴纸，如图5-42所示。

扫一扫

添加贴纸

图 5-41 选择贴纸

图 5-42 添加好了贴纸

↘ 5.2.4　自动识别字幕

在抖音中既可以将短视频中的人声自动识别为文字字幕，还可以根据需要对人声进行变调处理，具体操作步骤如下。

（1）在抖音中上传短视频并进入短视频编辑界面，在右侧点击"自动字幕"图标，如图 5-43 所示。

（2）此时，即可自动识别短视频中的人声并生成字幕，查看字幕中是否有识别错误的文字，然后点击"编辑"图标，如图 5-44 所示。

（3）对字幕中识别错误的文字进行修改，然后点击右上方的▽图标，如图 5-45 所示。

图 5-43　点击"自动 　　图 5-44　点击"编辑" 　　图 5-45　点击▽
字幕"图标 　　　　　　　图标 　　　　　　　　图标

（4）在生成的字幕中点击A图标，如图 5-46 所示。

（5）设置合适的字幕样式，如图 5-47 所示。

（6）在短视频编辑界面右侧点击"变声"图标,在打开的界面中选择所需的变声效果,即可应用该变声效果,如图 5-48 所示。

图 5-46　点击A图标　　图 5-47　设置字幕样式　　图 5-48　应用变声效果

5.3 抖音短视频的发布技巧

发布短视频看似是一个简单的操作，实则涉及许多细节问题。除了需要选择合适的发布时间，短视频创作者还要考虑其他多方面的因素，以帮助短视频获得更多的流量和关注。

扫一扫

抖音短视频的
发布技巧

5.3.1 根据热点话题发布

发布短视频时可以紧跟时事热点，因为热点内容通常具有天然的高流量，借助热点话题创作的短视频受到的关注度也相对较高。常见的热点话题主要有以下 3 类。

1. 常规类热点

常规类热点是指比较常见的热点，如大型节假日（春节、中秋节、国庆节等）、大型赛事活动（篮球赛事、足球赛事等）、每年的高考和研究生考试等。这类常规热点的时间固定，短视频创作者可以提前策划和制作相关短视频，在热点到来之际及时发布短视频，该短视频通常能够获得较多关注。

2. 突发类热点

突发类热点是指不可预测的突发事件，这类热点会突然出现，如生活事件、行业事件、娱乐新闻等。发布这类短视频时要注意时效性，简单来说，遇到这类热点话题时，在制作和发布短视频时要做到快速。在该类热点话题出现后的第一时间迅速发布与之相关的内容往往会获得非常大的浏览量。与常规类热点相比，突发类热点更能引起用户的好奇和关注。

3. 预判类热点

预判类热点是指短视频创作者预先判断可能会成为热点的某个事情。例如，某电影将在一周后上映，许多用户对该电影十分期待，那么在该电影上映之前，短视频创作者就可以发布与之相关的短视频。用户在期待电影之余，通常会选择通过观看该类短视频，提前交流对电影剧情或主角的看法。

5.3.2 添加恰当的标签

标签是短视频内容中最具代表性、最有价值的信息之一，也是系统用以识别和分发短视频的依据。好的标签能让短视频在推荐算法的计算下分发给目标用户，得到更多有效的曝光。高质量的标签一般具有以下 4 个特征。

1. 合适的标签个数

不同类型的短视频平台要求添加不同个数的标签。

（1）移动端短视频平台（如抖音、快手等）：1~3 个标签为宜。

在以抖音、快手、小红书为代表的移动端短视频平台上，短视频创作者可以为短视频添加 1~3 个标签，且每个标签的字数不宜过多，在 5 个字以内为宜，如图 5-49 所示。因为移动端短视频平台会将标签与标题文案一同显示，标签字数过多会使版面看起来比较混乱。所以，在这类短视频平台上为短视频添加标签时，短视频创作者需要提炼关键词，选择最能代表短视频内容的词语作为标签。

（2）综合类短视频平台（如哔哩哔哩、西瓜视频等）：在以哔哩哔哩、西瓜视频为代表的综合类短视频平台上，短视频创作者可以为短视频添加 6~10 个标签。图 5-50 所示为在西瓜视频上为短视频添加的 6 个标签。在这类短视频平台上为短视频添加标签时可以适当增加标签数量，选择与短视频内容相关的词语作为标签。

图 5-49　移动端短视频平台上短视频的标签　图 5-50　在西瓜视频上为短
视频添加的 6 个标签

提示与技巧

　　需要注意的是，虽然综合类短视频平台对标签的字数与数量没有过多限制，但在添加标签时也要选择符合短视频内容的标签，切忌添加过多与内容无关的标签，使系统无法识别推荐领域，或将短视频分发给不相关的用户。

2. 标签要精准化、细节化

设置标签时要做到精准化、细节化。以服装穿搭类短视频为例，如果将标签设置为"女装"，则涵盖范围太广。更好的做法是，将标签设置为"秋冬穿搭""时尚穿搭"等限定词，这类精确性更高的标签能使短视频在被分发时深入垂直领域，找到真正的目标用户群体。

3. 将目标用户群体作为标签

设置标签时不仅可以根据短视频内容选择标签，还可以根据短视频的目标用户群体选择标签。例如，对于运动、健身类短视频，短视频创作者可以为其添加"运动达人""健身"等标签。

4. 将热点话题作为标签

紧跟热点话题始终是发布短视频时不可缺少的环节，在设置标签时可以适当将热点话题作为标签，以此增加短视频的曝光量。例如，春节期间的短视频多与"春节"热点相关，短视频创作者可以适当添加"春节""新年""团圆饭"等与热点相关的标签。需要注意的是，设置标签时可以适当结合热点，但不能为了追求流量毫无底线地去结合一些负面的热点新闻。

另外，值得一提的是，在抖音平台发布短视频时，可以 @ 抖音小助手，如图 5-51 所示。"抖音小助手"是抖音官方的短视频账号，主要用以评选抖音的精品内容和发布官方信息。因为抖音采用机器人和人工审核的方式推荐内容，在人工审核之前，大部分短视频都会由"抖音小助手"（机器人）先进行归类。所以，@ 抖音小助手相当于毛遂自荐，提醒系统快速审查该条短视频，如果该条短视频质量佳、创意好，则会有更大的概率"上热门"。同理，在哔哩哔哩发布短视频时，设置标签时可以将官方活动名称作为标签。

图 5-51 @抖音小助手

↘ 5.3.3 制作短视频封面

在短视频封面中将短视频的亮点和精华展示出来，让用户直接了解短视频的内容，吸引其点击并观看。

🔍 提示与技巧

短视频创作者在制作短视频封面时，需要注意 3 个方面：文字位置、文字设计、颜色搭配。

1. 文字位置

在资讯类和生活类短视频中，封面的背景画面承担着营造氛围的重要作用。因此，短视频创作者在添加文字时要避开背景画面的主体区域，尽量在主体边缘的非重要区域内添加文字。单行文字建议不超过 10 个字，信息过多容易造成画面杂乱，影响用户观感。

2. 文字设计

对于不同类型的短视频，短视频创作者在添加文字时需要设计不同的文字造型以贴合短视频风格。

3. 颜色搭配

不同的颜色可以表达不同的情绪，在制作短视频封面时，短视频创作者可以根据短视频内容选择合适的颜色进行创作，使背景图片与文字造型更加贴合短视频主旨。

图 5-52 点击要编辑的短视频

抖音在默认情况下会将第 1 帧画面用作短视频的封面，短视频创作者可以结合自己的短视频内容更改封面，具体操作步骤如下。

（1）打开抖音的"草稿箱"界面，点击要编辑的短视频，如图 5-52 所示。

（2）进入短视频编辑界面，点击"下一步"按钮，如图 5-53 所示。

（3）进入短视频发布界面，点击封面下方的"选封面"按钮，如图 5-54 所示。

（4）选择封面的画面，如图 5-55 所示，然后点击右上角的"下一步"按钮。

（5）进入"保存封面"界面，点击"保存封面"按钮即可保存短视频封面，如图 5-56 所示。

图 5-53　点击"下一步"按钮（1）

图 5-54　点击"选封面"按钮

图 5-55　点击"下一步"按钮（2）

图 5-56　点击"保存封面"按钮

5.3.4　同城发布与定位发布

在抖音和快手等移动端短视频平台发布短视频时可以选择"同城发布"和"定位发布"。这两种发布方式都能为短视频带来意想不到的流量。

1. 同城发布

同城发布是指将短视频发布到该短视频账号所在的城市，简单来说，是将该城市的短视频用户作为目标用户群体。虽然同城用户数量无法与全国用户数量相比，但短视频创作者能在某一区域打开市场也是一个明智的选择。尤其是有线下实体店的短视频创作者，同城发布短视频能够为实体店宣传和引流。

2. 定位发布

定位发布是指在发布短视频时定位某一地点，使短视频被该地点周围的用户看到。定位发布的方法有两种：一种是根据短视频内容定位相关位置，如短视频内容为西安旅游，则可以在发布短视频时定位"西安"，使定位地点的用户看到这条短视频；另一种是定位人流量大的商圈、景点等，因为该类地点的人数众多，短视频用户的数量也相对较大。图 5-57 所示为定位大唐不夜城，发布短视频时定位在该区域，能够提高短视频的浏览量。

图 5-57　定位大唐不夜城

🔍 **提示与技巧**

总而言之，同城发布与定位发布都是在短视频发布地点上做文章。短视频创作者想要获得更多的短视频流量，可以灵活运用以上发布技巧，并加以创新，寻找更适合自身短视频的发布方式。

↘ 5.3.5　选择发布时间

相关统计数据表明，同一类型的短视频的内容互动数据差异明显，同一个账号在不同时间发布的短视频的数据表现差异很大。由于用户活跃时间不同，短视频的发布时间与最终的数据呈现有着密不可分的关系。一般在用户活跃高峰期发布的短视频，相对来说成功的概率更大。找准发布短视频的时间，往往会取得事半功倍的效果。

> **提示与技巧**
>
> 　　不过，因为各个行业领域的用户群体有差异，所以用户活跃时间也会有差异。例如，某短视频账号的目标用户是大学生，他们白天要上课学习，空闲时间较少，所以短视频创作者适合在上午和下午下课、吃饭的时候更新短视频。

短视频创作者按照以下 4 个"黄金时间段"的特征发布不同类型的短视频，能够收获更多的流量。

1. 第一个时间段：6:00—8:00

用户在这个时间段基本处于刚刚起床、上班或上学途中。在早晨精神焕发的时间段里，短视频创作者适合发布美食类、健身类、励志类短视频，这比较符合该时间段用户的心态。

2. 第二个时间段：12:00-14:00

这个时间段中，用户大多处于午休的状态。在相对无聊的午休时间里，用户会选择浏览自己感兴趣的内容。短视频创作者在这个时间段适合发布剧情类、幽默类短视频，使用户能够在工作和学习之余得到放松。

3. 第三个时间段：17:00-20:00

这个时间段是大多数用户放学或下班后的休息时间段，大部分人在忙碌一天之后都会利用手机打发时间，这一时间段也是短视频用户非常集中的时候。因此，几乎所有类型的短视频都可以在这个时间段里发布，尤其是创意剪辑类、生活类、旅游类短视频。

4. 第四个时间段：21:00-23:00

这个时间段为大多数人睡觉前的时间段，这个时间段观看短视频的用户数量最多。因此，这个时间段同样适合发布任何类型的短视频，且评论数、转发量较高。

实战案例讲解——抖音一键成片制作短视频

下面通过抖音一键成片制作短视频，具体操作步骤如下。

（1）打开抖音，进入抖音主页面，点击底部的⊕图标，如图 5-58 所示。

（2）切换到相册后，选择多个需要发布的素材，点击页面底部的"一键成片"按钮，如图 5-59 所示。

（3）抖音会提示短视频在合成中，如图 5-60 所示。

 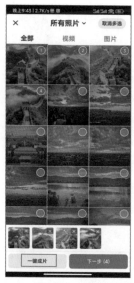 

图 5-58　点击⊕图标　　图 5-59　点击"一键成片"按钮　图 5-60　提示短视频在合成中

（4）抖音会自动匹配合适的视频模板，如图 5-61 所示。如果想更换模板，可选择自己喜欢的模板并点击，如图 5-62 所示。

（5）在短视频中输入文字并设置文字样式，如图 5-63 所示，点击界面右上方的"完成"按钮。

图 5-61　自动匹配模板　　　图 5-62　选择模板　　图 5-63　输入文字并设置文字样式

（6）短视频制作好之后，点击底部的"下一步"按钮，如图 5-64 所示。

（7）进入短视频发布界面，点击封面下方的"选封面"按钮，如图 5-65 所示。

（8）选择要作为封面的画面，点击右上角的"下一步"按钮，如图 5-66 所示。

 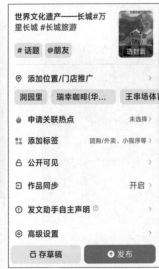 

图 5-64　点击"下一步"　　图 5-65　点击"选封面"　　图 5-66　点击"下一步"
　　　　　　按钮（1）　　　　　　　　　按钮　　　　　　　　　　按钮

（9）进入"保存封面"界面，点击"保存封面"按钮即可保存短视频封面，如图 5-67 所示。选择好封面后的效果如图 5-68 所示。

图 5-67　点击"保存封面"按钮　　图 5-68　选择好封面后的效果

【思考与练习】

一、填空题

（1）抖音的短视频拍摄工具支持_____，拍摄者可以在拍摄完一段视频后，继续拍摄下一段视频。

（2）_____功能有助于用户找准节奏，调整音乐和短视频的匹配度。

（3）_____是指将短视频发布到该短视频账号所在的城市，简单来说，是将该城市的短视频用户作为目标用户群体。

（4）_____是指比较常见的热点，如大型节假日（春节、中秋节、端午节等）、大型赛事活动（篮球赛事、足球赛事等）、每年的高考和研究生考试等。

二、选择题

（1）当我们选择（　　）拍摄时，短视频录制的速度却是最慢的。

A. "极快"　　　　B. "极慢"　　　　C. "慢"　　　　D. "快"

（2）（　　）是指不可预测的突发事件，这类热点会突然出现，如生活事件、行业事件、娱乐新闻等。

A. 预判类热点　　B. 突发类热点　　C. 常规类热点　　D. 新闻类热点

（3）移动端短视频平台（如抖音、快手等）一般以（　　）个标签为宜。

A. 5~8　　　　　B. 1　　　　　　C. 1~3　　　　　D. 6~10

（4）（　　）是抖音官方的短视频账号，主要用以评选抖音的精品内容和发布官方信息。

A. 设置标签　　B. 同城发布　　C. 定位发布　　D. 抖音小助手

三、思考题

（1）怎样使用美化功能拍摄短视频？
（2）如何给短视频添加背景音乐？
（3）如何添加恰当的标签？
（4）在制作短视频封面时，需要注意哪些方面的问题？

四、实操训练

使用抖音给一个短视频调整速度，具体任务如下。

（1）选择想要调整速度的短视频，打开该短视频之后，可以看到所有可供点击的按钮，点击"裁剪"按钮，如图5-69所示。

（2）进入短视频裁剪界面，在底部点击"变速"图标，如图5-70所示。

（3）选择合适的速度，设置速度，包括0.1x、1x、2x、5x、10x、100x等，这里设置速度为0.5x，可以看到短视频速度变慢了，时间延长了，如图5-71所示。

图5-69 点击"裁剪"按钮　　图5-70 点击"变速"图标　　图5-71 设置速度后时间延长

第 6 章
使用剪映编辑与制作短视频

　　剪映是抖音官方推出的一款手机视频编辑工具，可用于短视频的剪辑、制作和发布。剪映能够让短视频创作者轻松地对短视频进行各种编辑，包括裁剪短视频、增加画中画、应用特效、倒放、变速、添加字幕等，其专业滤镜、精选贴纸等能为短视频增加乐趣。

【学习目标】

➢ 熟悉剪映的常用功能。
➢ 掌握剪映的基础操作。
➢ 掌握使用剪映剪辑短视频的方法。
➢ 掌握使用剪映制作特效的方法。

【导引案例】剪映"行业模板"助中小商家剪出"热销款"短视频

一年一度的"6·18"电商大促，对于商家来说比较关键。但对众多有着大量视频化展示商品和服务需求的中小商家而言，由于缺乏基础内容制作能力和专业短视频创作团队，短视频创作成为他们的共同难题。对此，剪映适时推出针对中小商家的营销短视频剪辑功能"行业模板"，帮助商家低门槛制作营销类短视频，助其一键"剪同款""剪热销款"，剪出"热销款"短视频。

"行业模板"功能基于众多营销"热销款"内容，将字幕、配音、脚本等元素打包成模板组合，商家只需导入素材即可一键生成同款短视频。目前，该功能已上线7000+个官方模板，覆盖10+个行业和营销场景，包括服装配饰、食品饮料、家具建材、餐饮服务、生活服务、文体娱乐、房地产、汽车、企业机关、母婴宠物、3C电器、医疗健康等。

无论是哪种营销方式，最终的目的都是获取更多的用户，增加收入。从本质上说，品牌企业在短视频平台上造势都是内容和传播方式的创新。商家将商品植入短视频中，可以获得更高的曝光量；新颖的视频拍摄方法和音乐深受年轻人的喜爱。这无疑是品牌借势营销的制胜法宝。

中小商家自身账号内容创作量较大、内容趋于同质化，容易在脚本、文案创作方面灵感枯竭，普遍对现有内容不满意。"行业模板"功能可助力商家创作更贴合抖音流量分发偏好、有传播属性的短视频，支持一键生成、批量制作和自定义修改，而且商家不需要担忧素材的抖音商用版权问题。

数据显示，"行业模板"功能从2022年12月上线至今，已服务超过115万商家。其中，90%以上商家对"行业模板"功能满意度较高，且期待有更多可供选择的模板和更热门的模板。除了"行业模板"功能，剪映还具有高效的创作剪辑功能、团队共创协作功能，具备语音识别字幕、智能配音、素材库、音乐库，以及小组共创、审阅等核心功能。

思考与讨论

（1）剪映"行业模板"有什么作用？

（2）如何使用剪映剪辑短视频？

6.1　认识剪映

剪映是一款视频编辑工具，用户使用剪映能够轻松地对短视频进行各种编辑和制作，用户还可以通过剪映直接将剪辑好的短视频发布至抖音，非常方便。

↘ 6.1.1　剪映概述

剪映是抖音官方推出的一款手机视频编辑与剪辑应用，带有全面的剪辑功能，支持变速，有多样的滤镜效果和丰富的曲库资源。剪映主要由"剪辑""剪同款""创作课堂""消息""我的"这5个板块组成，如图6-1所示，下面简单介绍各板块及其功能。

1. 剪辑

在"剪辑"界面中，点击"拍摄"

图6-1　剪映的组成板块

按钮即可实时拍摄照片或视频。"一键成片"里面有大量的特效模板供用户使用。界面的

图 6-2 剪映的"剪辑"界面的各项功能

中间部分为本地草稿，剪辑草稿会自动保存在此处。点击"开始创作"按钮，可以挑选手机中已有的视频和图片素材进行短视频剪辑。点击"拍摄"按钮，可以直接拍摄新的视频或图片作为素材并进行短视频剪辑。剪映的"剪辑"界面的各项功能如图 6-2 所示。

2. 剪同款

在"剪同款"界面中，可以看到剪映为用户提供了大量不同类型的短视频模板。在选择模板后，用户只需将自己的素材添加进模板，即可生成同款短视频，如图 6-3 所示。剪映让很多短视频创作者轻松上手的同时，还为更多的短视频创作者提供了可供借鉴的模板和思路。

图 6-3 剪同款

3. 创作课堂

"创作课堂"是剪映专为短视频创作者打造的一站式服务平台，如图 6-4 所示，用户可以根据自身需求选择不同的领域进行学习。"创作课堂"板块涉及脚本构思、拍摄、剪辑、调色、账号运营等多种主题。从新手入门，创作进阶到高手，海量课程满足不同阶段的用户诉求。

4. 消息

剪映官方活动提示以及其他用户和短视频创作者的互动提示都集合在"消息"界面中，点击"消息"按钮，再点击拟查看消息后的"查看"按钮，可以查看官方活动、评论回复、粉丝新增情况、点赞等消息，如图 6-5 所示。

图 6-4 创作课堂

图 6-5 查看消息

5. 我的

"我的"即用户的个人主页，如图 6-6 所示。用户可以在这里编辑个人资料、自己喜欢的视频和收藏的视频等，点击"抖音主页"按钮可以跳转至抖音界面。

🔍 **提示与技巧**

剪映与抖音有很深的联系，两者可以实现内容上的互通。用户利用抖音账号登录剪映后，在抖音账号中收藏的音乐可以直接在剪映中使用，在剪映中剪辑完的短视频也可同步至抖音，操作非常便捷。

图 6-6　用户的个人主页——"我的"

↘ 6.1.2　剪映常用功能

剪映功能完善，操作容易，十分实用，可以帮助大家剪辑出很有趣的短视频。下面介绍剪映的常用功能，让大家对剪映有一个初步的认识。图 6-7 所示为剪映的"剪辑"界面。

（1）点击"管理"图标，如图 6-8 所示，可以删除本地草稿中的视频。

（2）点击右上角的"设置"图标，进入图 6-9 所示的"设置"界面，此界面包括意见反馈、用户协议、隐私条款和版本号等信息。

（3）点击"开始创作"按钮，导入视频素材后，进入图 6-10 所示的短视频剪辑界面，剪辑界面包括 4 个部分，分别是顶部工具栏、素材预览区域、时间轴和底部工具栏。

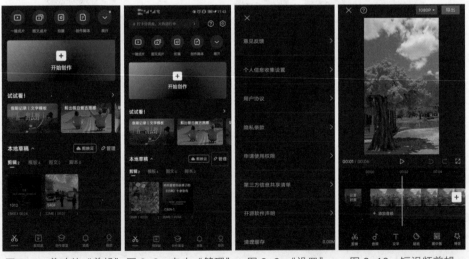

图 6-7　剪映的"剪辑"界面　图 6-8　点击"管理"图标　图 6-9　"设置"界面　图 6-10　短视频剪辑界面

（4）分割素材。导入素材之后，如果只想保留素材中的部分内容，大家可以利用分割功能去掉不需要的内容，如图6-11所示。

（5）合并素材。添加多个素材后，对其进行合并可以形成新的短视频。若要将几个素材合并，可以点击素材轨道右侧的"+"图标，添加需要合并的素材，如图6-12所示。

6-11　分割素材　　　　　　　　　　图6-12　合并素材

　素养课堂

优秀传统文化短视频何以"破圈"传播

中华优秀传统文化正乘着短视频的"东风"加速"破圈"，真正"飞入寻常百姓家"，使得大众通过掌上小屏就可感受到传统文化之魅力。戏腔成为短视频平台的热门音乐元素、名师讲解古诗词受到用户热捧、非遗传承人进驻短视频平台……以往"曲高和寡"的传统文化何以能通过短视频实现"以文化人"，获得众多人的青睐？

中华优秀传统文化是中华民族的精神命脉，是涵养社会主义核心价值观的重要源泉，也是我们在世界文化激荡中站稳脚跟的坚实根基。

在青年人的聚集地（如哔哩哔哩等），火爆的常常是"极旧"主题的作品，也就是原来我们误认为其"陈旧"的传统文化主题作品，如《国家宝藏》《典籍里的中国》《如果国宝会说话》《上新了故宫》《我在故宫修文物》《我在故宫六百年》等。河南卫视的"中国风"节日系列特别节目同样在互联网空间中受到青年人乃至各年龄段观众的喜爱和赞叹。

这些"中国风"传统文化类作品的热播热议，让我们切实体会到传统文化这个巨大宝库经过恰当、准确、有智慧、有网感的综艺化、当代化、融媒体化改造，能够释放出巨大的传播和接受能量。最近一段时间，主旋律电视艺术作品在青年群体中受到热议，也进一步印证了这一结论。

国家的快速发展、社会的快速进步、改革成果为广大民众所切实分享，是文化、艺术、价值自信的基石。成长在国家快速发展这样一个"大时代"下的"90后""00后"青年，对传统文化类传媒艺术作品显然是能够"感同身受"的，也能够理解这些作品中的道路自信、理论自信、制度自信、文化自信。

6.2 剪映的基础操作

下面将详细介绍剪映的基础操作，并通过短视频剪辑案例来讲解这些基础操作的具体用法。

↘ 6.2.1 调整画幅比例

下面介绍如何使用剪映更改短视频的画幅比例，具体操作步骤如下。

（1）打开剪映，导入短视频，点击底部的"比例"图标，如图6-13所示。

（2）在出现的界面中，可选的比例有9∶16、16∶9、1∶1、4∶3、2∶1等，如图6-14所示。

（3）这里选择4∶3，点击右上角的"导出"按钮，如图6-15所示。

  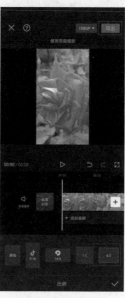

图6-13　点击底部的 "比例"图标	图6-14　可选的比例	图6-15　选择比例 并导出

↘ 6.2.2 编辑短视频

使用编辑工具可以对主视频轨道、画中画视频轨道中的视频或图片进行一些编辑操作，如旋转视频、镜像视频和裁剪视频等。

（1）选中一个视频素材或视频片段，在"剪辑"界面下面的工具栏中左右滑动找到并点击"编辑"图标，如图6-16所示。

（2）打开图6-17所示的编辑界面。

（3）点击"旋转"按钮，即可自动向顺时针方向旋转90°，如图6-18所示。

（4）点击"镜像"按钮，即可自动反转，如图6-19所示。

（5）点击"裁剪"按钮，打开图6-20所示的界面，拖动视频四周的白色框线可自由裁剪画面。

（6）点击右上角的"导出"按钮，如图6-21所示，可导出短视频。

图 6-16 点击"编辑"
图标

图 6-17 编辑界面

图 6-18 点击"旋转"
按钮旋转视频

图 6-19 点击"镜像"按钮
反转视频

图 6-20 裁剪画面

图 6-21 点击"导出"
按钮

↘ 6.2.3 倒放短视频

经常刷抖音的人大多看过一些非常有意思的倒放短视频，这种短视频能给人制造一种视觉上的错觉，非常有趣。下面介绍使用剪映制作倒放短视频的方法，具体操作步骤如下。

（1）打开剪映，导入短视频，点击底部的"剪辑"图标，如图 6-22 所示。

（2）在打开的界面中，点击底部的"倒放"图标，如图 6-23 所示。

（3）界面上会弹出提示框，提示"倒放中"，如图6-24所示。

（4）倒放成功后，点击右上角的"导出"按钮即可，如图6-25所示。

图6-22　点击"剪辑"　　图6-23　点击"倒放"　　图6-24　提示　　　图6-25　倒放成功
　　　　图标　　　　　　　　　图标　　　　　　　　"倒放中"　　　　　并导出

↘ 6.2.4　改变短视频速度

如果想将短视频的播放速度放慢或加快，应该怎么操作呢？我们使用剪映调整短视频的播放速度的具体操作步骤如下。

（1）打开剪映，导入短视频，点击底部的"剪辑"图标，如图6-26所示。

（2）进入"剪辑"界面，点击底部的"变速"图标，如图6-27所示。

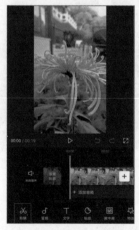 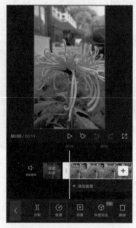

　　　　图6-26　点击"剪辑"　　　图6-27　点击"变速"
　　　　　　图标　　　　　　　　　　图标

扫一扫

改变短视频
速度

（3）以调整常规变速为例，点击"常规变速"按钮，如图6-28所示。

（4）进入图6-29所示的界面，左右拖动红色圆圈或直接点击播放倍数，即可调整视频的播放速度，调整后点击✓图标。

（5）如果想调整曲线变速，点击"曲线变速"按钮后，在弹出的图 6-30 所示的界面中选择需要的变速类型即可，调整后点击✓图标。

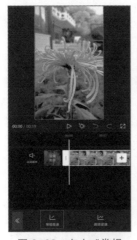 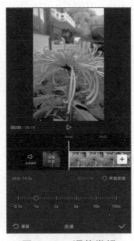 

图 6-28 点击"常规　　图 6-29 调整常规　　图 6-30 调整曲线
变速"按钮　　　　　变速界面　　　　　变速界面

6.2.5 使用美颜工具

图片和视频都可以使用美颜工具，但如果图片或视频里没有人脸，这个工具就无法使用。剪映会自动识别视频或图片里的人脸。我们使用美颜工具的具体操作步骤如下。

（1）选中一个视频素材或视频片段，在"剪辑"界面下方左右滑动找到并点击"美颜美体"图标，如图 6-31 所示。

（2）进入图 6-32 所示的界面，点击"美颜"图标。

（3）在"美颜"选项卡下点击"磨皮"图标，如图 6-33 所示，磨皮就是消除人物皮肤部分的斑点、瑕疵、杂色等，让皮肤看上去更光滑、细腻。

图 6-31 点击"美颜　　图 6-32 点击"美颜"　　图 6-33 点击"磨皮"
美体"图标　　　　　图标　　　　　　　图标

（4）点击"美型"选项卡下的"瘦脸"图标，可以让人物的脸变瘦，如图 6-34 所示。

（5）如果一个轨道上有很多视频片段，点击底部的"全局应用"图标，就会将调节后的"磨皮"和"瘦脸"效果应用到全部视频片段上，如图 6-35 所示。

（6）最终效果如图 6-36 所示，点击右上角的"导出"按钮即可。

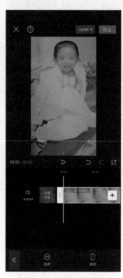

图 6-34　点击"瘦脸"　　　图 6-35　点击"全局　　　图 6-36　最终效果
　　　　图标　　　　　　　　　应用"图标

6.3　使用剪映剪辑短视频

下面我们将详细介绍使用剪映剪辑短视频的方法，并通过短视频剪辑案例来讲解这些功能的具体用法。

↘ 6.3.1　使用画中画功能

画中画是一种视频内容呈现方式，是指一个视频全屏播出，在画面的小面积区域上同时播出另一个视频。画中画被广泛应用于电视、视频录像、监控、演示设备等地方。在剪映中，画中画功能用来添加一段视频或一张图片，点击"新增画中画"图标，就可以再导入一段视频或一张图片。画中画轨道可以有多条，且有层级，从上到下，层级依次增加。用户可以通过层级工具改变画中画轨道的层级，层级越高的视频会越显示在其他低层级视频上面。用户使用画中画功能的具体操作步骤如下。

扫一扫

使用画中画
功能

（1）在剪映的短视频编辑界面中，在底部工具栏中左右滑动找到并点击"画中画"图标，如图 6-37 所示。

（2）打开图 6-38 所示的界面，点击"新增画中画"图标。

（3）在打开的图 6-39 所示的界面中选择视频素材或图片素材作为画中画素材。

（4）添加完画中画素材后，可以使用"不透明度"工具设置所添加的画中画素材的不透明度值，如图 6-40 所示，使得画面符合我们的要求。设置完成后点击右上角的"导

"出"按钮即可完成。

  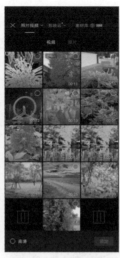 

图 6-37　点击"画中　　图 6-38　点击"新增　　图 6-39　选择素材　　图 6-40　设置不透明
　　　　画"图标　　　　　　　画中画"图标　　　　　　　　　　　　　　　　　　度值

↘ 6.3.2　使用音频功能

本小节介绍如何在短视频中添加音频素材，包括添加音乐、添加音效等。

1. 添加音乐

（1）将素材添加到时间轴后，点击底部工具栏中的"音频"图标，如图 6-41 所示，显示"音频"的二级工具栏，点击"音乐"图标，如图 6-42 所示。

（2）显示"音乐"界面，该界面提供了丰富的音乐类型可供用户选择，如图 6-43 所示。"音乐"界面的下方还为用户推荐了一些音乐，用户只需要点击相应的音乐名称，即可试听该音乐，如图 6-44 所示。

图 6-41　点击"音频"图标　　　图 6-42　点击"音乐"图标　　　图 6-43　"音乐"界面

（3）对于喜欢的音乐，用户只需要点击该音乐右侧的"收藏"图标，即可将该音乐加入"收藏"选项卡中，便于下次能够快速找到该音乐，如图 6-45 所示。

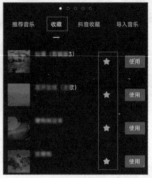

图 6-44　试听音乐　　　　　图 6-45　收藏音乐

（4）"抖音收藏"选项卡中显示的是同步用户"抖音"音乐库中所收藏的音乐，如图 6-46 所示。"导入音乐"选项卡中包含 3 种导入音乐的方式，即"链接下载""提取音乐""本地音乐"，如图 6-47 所示。

图 6-46　"抖音收藏"选项卡　　　图 6-47 "导入音乐"选项卡

2. 添加音效

（1）在"剪辑"界面中点击底部工具栏中的"音效"图标，如图 6-48 所示。

（2）界面底部会弹出音效选择列表，如图 6-49 所示，点击需要使用的音效名称，系统会自动下载并播放该音效，点击音效右侧的"使用"按钮，即可使用所下载的音效。

（3）音效会自动添加到当前所编辑的视频素材的下方，点击底部工具栏中的"音量"

图标，如图 6-50 所示。

（4）界面底部会显示音量设置选项，默认音量为 100%，根据需要设置合适的音量大小，如图 6-51 所示。

图 6-48　点击"音效"图标

图 6-49　音效选择列表

图 6-50　点击"音量"图标

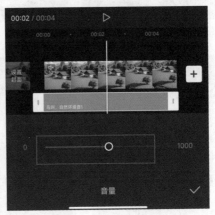

图 6-51　设置音量大小

↘ 6.3.3　添加趣味贴纸

我们通过剪映给短视频添加贴纸，可以让短视频变得更有特色、更美观，让短视频的效果更好。用剪映给短视频添加贴纸的具体操作步骤如下。

（1）打开剪映，导入短视频，点击底部的"贴纸"图标，如图 6-52 所示。

（2）打开的界面中有很多贴纸类型，点击界面左侧的贴纸图片图标，如图 6-53 所示，添加手机里的照片作为贴纸。

（3）在弹出的界面中选择想要添加的照片，如图 6-54 所示。

（4）将照片添加到短视频中作为贴纸的效果如图 6-55 所示。

（5）缩放、移动、旋转照片以达到最佳效果，如图 6-56 所示。

（6）想要在"贴纸"界面中选择其他贴纸,点击相应的贴纸即可将其添加到短视频中，如图 6-57 所示。

图 6-52　点击"贴纸"图标

图 6-53　点击图标

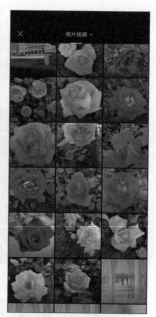

图 6-54　选择手机照片

图 6-55　添加贴纸的效果

图 6-56　缩放、移动、旋转照片

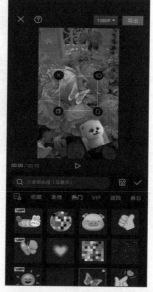

图 6-57　选择其他贴纸

↘ 6.3.4　使用识别歌词功能

我们利用剪映剪辑短视频的时候，用键盘手动输入歌词不太方便，那么怎样使用剪映自动添加歌词呢？具体操作步骤如下。

（1）打开剪映，导入短视频，点击底部的"音频"图标，如图 6-58 所示。

（2）在出现的界面中点击"音乐"图标，如图 6-59 所示。

（3）进入"音乐"界面，选择想要添加的音乐，点击音乐名右侧的"使用"按钮，如图 6-60 所示。

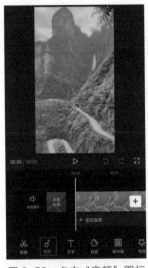  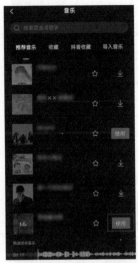

图 6-58 点击"音频"图标　　图 6-59 点击"音乐"图标　　图 6-60 点击"使用"按钮

（4）成功添加音乐后，点击底部最左侧的 ⟨ 图标，如图 6-61 所示。

（5）点击底部的"文字"图标，如图 6-62 所示。

（6）在出现的界面中点击"识别歌词"图标，如图 6-63 所示。

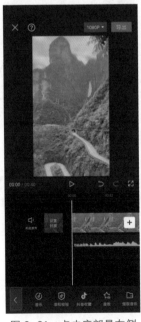  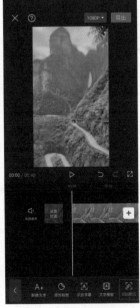

图 6-61　点击底部最左侧　　图 6-62　点击"文字"　　图 6-63　点击"识别歌词"
　　　的 ⟨ 图标　　　　　　　　图标　　　　　　　　　图标

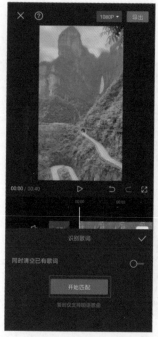

图 6-64　点击"开始匹配"按钮

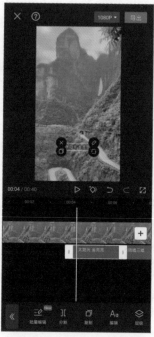

图 6-65　自动生成的歌词

（7）点击"开始匹配"按钮，如图 6-64 所示。

（8）歌词识别成功后，我们就可以看到短视频中已有自动生成的歌词了，如图 6-65 所示。

↘ 6.3.5　添加字幕

添加字幕是制作短视频不可或缺的步骤之一，下面我们介绍使用剪映添加字幕的方法，具体操作步骤如下。

（1）打开剪映，导入短视频，点击底部的"文字"图标，如图 6-66 所示。

（2）点击"新建文本"图标，如图 6-67 所示。

（3）此时视频中会显示"输入正文"，如图 6-68 所示。

图 6-66　点击"文字"
图标

图 6-67　点击"新建文本"
图标

图 6-68　显示"输入正文"

（4）输入文字"蓓蕾初开"，如图 6-69 所示。

（5）为输入的文字设置字体、字号、样式等，如图 6-70 所示。

图 6-69 输入文字"蓓蕾初开"　　图 6-70 设置字体、字号、
　　　　　　　　　　　　　　　　　　　　　样式等

6.4 使用剪映添加特效

一个成功的短视频能够在短时间内吸引大量用户的注意力。下面介绍在剪映中为剪辑项目添加特效的具体操作。

6.4.1 添加画面特效

为了能够进一步增强短视频的视觉效果，大家可以选择使用画面特效。由于每种画面特效的视觉效果不尽相同，还需要大家根据实际情况进行选择，具体操作步骤如下。

（1）打开剪映，导入短视频，点击底部的"特效"图标，如图 6-71 所示。

（2）打开图 6-72 所示的界面，点击"画面特效"图标。

（3）打开特效列表，如图 6-73所示，在其中可以任意选择想要的特效。

（4）这里选择"氛围"选项卡，

图 6-71 点击底部的"特效"　　图 6-72 点击"画面特效"
　　　　　图标　　　　　　　　　　　　　图标

109

选择"夏日泡泡 I"特效，如图 6-74 所示。

（5）点击"调整参数"按钮，打开图 6-75 所示的界面。点击右上角的"导出"按钮，保存或发布已设置好的短视频。

图 6-73　特效列表　　　　图 6-74　选择"夏日泡　　图 6-75　调整参数界面
　　　　　　　　　　　　　　泡 I"特效

↘ 6.4.2　添加人物特效

人物特效一般是指添加在人物身上，或者用来修饰人脸的特效。像我们常用的妆容特效、瘦脸特效等都可以算作人物特效。恰到好处的人物特效能使短视频更具美感、个性化，并能实现一些特殊的视觉效果。下面我们介绍如何利用剪映为短视频添加人物特效，具体操作步骤如下。

🔍 **提示与技巧**

有人物出现的短视频是最难添加特效的，如果胡乱添加，不仅会把之前的短视频画面弄乱，也会让人物显得不如之前突出，产生喧宾夺主的感觉。

（1）打开剪映，导入短视频，点击底部的"特效"图标，如图 6-76 所示，在打开的界面底部的工具栏中点击"人物特效"图标，如图 6-77 所示。

（2）在打开的人物特效列表中，打开"形象"选项卡，选择想要添加的特效，如图 6-78 所示。

（3）点击"调整参数"按钮，可以调整大小，点击列表右上角的✔图标，如图 6-79 所示。

（4）点击已添加的特效，拉伸（压缩）特效，设置特效时长；点击"作用对象"按钮，可对特效作用范围进行设置。点击右上角的"导出"按钮，保存或发布已设置好的短视频，如图 6-80 所示。

图 6-76　点击"特效"图标　　图 6-77　点击"人物特效"图标　　图 6-78　选择想要添加的特效

图 6-79　点击✓图标　　　　图 6-80　选择作用对象

 提示与技巧

在添加特效时，点击"作用对象"按钮，可进行特效作用范围的设置；拉伸或压缩特效，可进行时长设置。

已添加了特效的短视频如需应用其他特效，直接点击"替换特效"图标即可。

↘ 6.4.3 使用剪同款功能制作短视频

剪映提供了剪同款功能，短视频创作者只需上传视频素材或图片素材就能制作好看的同款短视频；还提供了多种模板，满足短视频创作者多种短视频的制作需求。利用剪同款功能能使短视频更具美感，下面介绍如何利用剪映剪同款，具体操作步骤如下。

（1）打开剪映，点击底部的"剪同款"图标，如图 6-81 所示。

（2）打开"剪同款"界面，选择一个短视频，如图 6-82 所示。

（3）在打开的界面中点击底部的"剪同款"按钮，如图 6-83 所示。

（4）打开本地手机相册，如图 6-84 所示，选择相应的素材文件，点击底部的"下一步"按钮。

图 6-81　点击"剪同款"
图标

图 6-82　选择一个短
视频

（5）导入文件后，点击右上角的"导出"按钮即可，如图 6-85 所示。

图 6-83　点击"剪同款"按钮　　图 6-84　本地手机相册　　图 6-85　点击"导出"按钮

实战案例讲解——制作夏日小清新短视频

下面我们使用剪映制作夏日小清新短视频，具体操作步骤如下。

（1）打开剪映，点击"开始创作"图标，在选择素材的界面中选择相应的视频素材，点击"添加"按钮，如图 6-86 所示。点击底部工具栏中的"音频"图标，点击"音频"二级工具栏中的"音乐"图标，显示"音乐"界面，如图 6-87 所示。

（2）点击音乐名称可以试听音乐，选择合适的音乐，点击"使用"按钮，如图 6-88 所示，将所选择的音乐添加到时间轴中，如图 6-89 所示。

图 6-86 选择视频素材后点击"添加"按钮　　　　图 6-87 "音乐"界面　　　　图 6-88 点击"使用"按钮

（3）选择时间轴中的音频轨道，拖动白色边框的右侧，使音乐与短视频的时长相同，如图 6-90 所示。不选择任何对象，返回主工具栏中，点击工具栏中的"特效"图标，在弹出的界面中选择"基础"选项卡中的"开幕"特效，点击☑图标，如图 6-91 所示。

（4）"开幕"特效添加好后，时间轴中将自动添加特效轨道，可以调整特效的持续时间，如图 6-92 所示。

（5）返回主工具栏中，点击"文字"图标，在二级工具栏中点击"识别歌词"图标，在弹出的界面中点击"开始匹配"按钮，如图 6-93 所示。

（6）完成歌词的识别后，时间轴中将自动添加相应的文字轨道，如图 6-94 所示。

（7）选中文字轨道，点击工具栏中的"编辑"图标，如图 6-95 所示。

图 6-89　添加音乐到时间轴

图 6-90　裁剪音乐

图 6-91　选择"开幕"特效

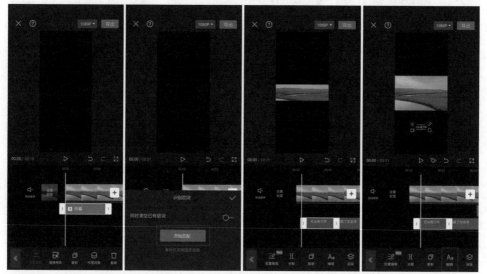

图 6-92　调整特效的持续时间　　图 6-93　点击"开始匹配"按钮　　图 6-94　自动添加文字轨道　　图 6-95　点击"编辑"图标

（8）弹出图 6-96 所示的界面。

（9）在弹出的界面中选择一种文字样式，如图 6-97 所示，点击☑图标，点击右上角的"导出"按钮即可。

（10）预览效果，如图 6-98 所示。

图 6-96 应用文字样式   图 6-97 选择一种文字   图 6-98 预览效果

         的界面   样式

【思考与练习】

一、填空题

（1）剪映主要由＿＿＿＿＿＿＿＿＿、＿＿＿＿＿＿＿＿＿＿、＿＿＿＿＿＿＿＿＿、

＿＿＿＿＿＿＿＿＿、＿＿＿＿＿＿＿＿＿这5个板块组成。

（2）＿＿＿＿＿＿＿＿＿是剪映专为短视频创作者打造的一站式服务平台，用户可以根据自身需求选择不同的领域进行学习。

（3）＿＿＿＿＿＿＿＿＿是一种视频内容呈现方式，是指一个视频全屏播出，在画面的小面积区域上同时播出另一个视频。

（4）"导入音乐"选项卡中包含3种导入音乐的方式，即＿＿＿＿＿＿＿、＿＿＿＿＿＿＿＿、

＿＿＿＿＿＿＿＿＿。

二、选择题

（1）在（   ）界面中，短视频创作者可以看到剪映为用户提供了大量不同类型的短视频模板。

    A. "剪同款"   B. "剪辑"   C. "模板"   D. "创作课堂"

（2）（   ）一般是指添加在人物身上，或者用来修饰人脸的特效。

    A. 画面特效   B. 人物特效   C. 瘦脸特效   D. 画中画特效

（3）（   ）功能基于众多营销热销款内容，将字幕、配音、脚本等元素打包成模板组合，商家只需导入素材即可一键生成同款短视频。

    A. "剪同款"   B. "一键成片"   C. "行业模板"   D. "图文模板"

（4）剪映官方活动提示以及其他用户和短视频创作者的互动提示都集合在（　　）界面中。

  A."创作课堂" B."个人中心" C."我的" D."消息"

三、思考题

（1）剪映的常见功能有哪些？

（2）如何使用剪映更改短视频的画幅比例？

（3）如何用剪映给短视频添加贴纸？

（4）如何使用剪映添加字幕？

四、实操训练

使用剪映给一个短视频应用特效，可以参考以下步骤。

（1）打开剪映，导入短视频，点击底部的"特效"图标，如图 6-99 所示。

（2）在界面中点击底部的"画面特效"图标，如图 6-100 所示。

（3）选择"波纹色差"特效，并调整相关参数，点击✓即可完成特效的添加，如图 6-101 所示。

图 6-99　点击"特效"图标

图 6-100　点击"画面特效"图标

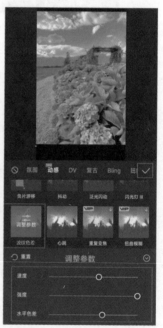

图 6-101　选择"波纹色差"特效

第 7 章

使用 Premiere 制作短视频

　　Premiere 作为一款流行的视频编辑软件，在短视频后期制作领域应用广泛。它拥有强大的视频编辑能力和灵活性，易学且高效，可以充分发挥使用者的创造能力和创作自由度。本章将介绍使用 Premiere 制作短视频的方法，包括认识 Premiere、Premiere 基础操作、应用视频过渡效果、添加音频、添加字幕，以及调色、抠像与蒙版的应用等。

【学习目标】

➢ 熟悉Premiere简介和工作界面。
➢ 熟悉 Premiere 基础操作。
➢ 熟悉添加转场特效的方法。
➢ 掌握添加音频的方法。
➢ 掌握添加字幕的方法。
➢ 掌握调色、抠像与蒙版的应用。

【导引案例】Premiere视频剪辑注意事项

Premiere 是 Adobe 公司出品的一款专业视频编辑软件，适用于各种规模的个人和企业级项目。短视频剪辑师使用 Premiere 可以方便地进行视频剪辑，加入文字、音频或其他媒体素材，制作特效和校正颜色；还可以控制视频的分辨率、帧率等参数。短视频剪辑师使用 Premiere 剪辑视频的注意事项如下。

1. 确定好整个视频的结构

在制作视频时，整个视频的结构至关重要。一个好的视频结构可以让用户更容易地理解视频内容，而一个混乱的视频结构则会让用户感到困惑。在制作视频时，短视频剪辑师可以通过分段和短片来划分各个部分和主题。

2. 剪辑时一定要注意素材格式的统一

在剪辑时，短视频剪辑师需要将各种格式的素材拼接起来。但是，短视频剪辑师使用不同格式的素材可能会导致视频质量下降，如颜色变化、失真等。因此，短视频剪辑师一定要注意素材格式的统一。

3. 视频的节奏要合适

视频的节奏非常重要，它可以决定用户是否会继续观看这个视频。一个慢节奏的视频往往会让用户感到无聊，而一个快节奏的视频往往会让用户感到紧张。短视频剪辑师在制作视频时，需要让视频节奏适合视频内容。

4. 应该注重音频效果

音频是视频制作中非常重要的一个方面。有些短视频剪辑师可能会忽略音频的处理，但实际上，音频质量的好坏会直接影响整个短视频的质量。因此，短视频剪辑师需要对音频进行后期处理。例如，在 Premiere 中，短视频剪辑师可以使用音频效果进行音频的处理。

5. 正确调色

调色是视频制作中非常重要的一个环节，它能够使画面更加生动、真实。短视频剪辑师在使用调色功能时，一定要注意正确使用各种色彩调整工具，如曲线、调整色相等。

6. 注重视频的美学

在剪辑视频时，短视频剪辑师要注重视频的美学。一个具备美感的视频可以更好地吸引用户的眼球，并让用户记住视频中的内容。短视频剪辑师通过运用摄影技巧、调整色彩、处理图像等手段，可以提升视频的美学价值。

Premiere 的使用需要积累一定的经验和技巧。通过不断地实践和尝试，短视频剪辑师可以更好地利用 Premiere 创造出更加出色的作品。

思考与讨论

（1）Premiere 视频剪辑的注意事项有哪些？

（2）怎样才能使用 Premiere 做出好的视频？

7.1 认识 Premiere

Premiere 是一款功能强大的视频编辑软件，可以为短视频创作者提供从简单的剪辑到高级视频特效等多样的编辑制作功能。通过添加新功能，如实时合成、场景效果和动画特效，短视频创作者可以轻松地创建专业级内容。

↘ 7.1.1 Premiere 简介

Premiere 由 Adobe 公司开发,是一款视频编辑爱好者和专业人士常用的视频编辑工具。利用 Premiere 编辑的视频的画面质量比较好。Premiere 有较好的兼容性,且可以与 Adobe 公司推出的其他软件相互协作。Premiere 兼顾了广大短视频创作者的不同需求,具有强大的生产能力、控制能力和灵活性,以其人性化的界面和强大的视频编辑功能而备受短视频创作者的青睐。图 7-1 所示为使用 Premiere 制作视频。

扫一扫

认识Premiere

Premiere 可以提升短视频创作者的创作能力和创作自由度,它是易学、高效、精确的视频剪辑软件。Premiere 提供了专业的采集、剪辑、调色、美化音频、添加字幕、输出、DVD 刻录等一整套流程,并能和 Adobe 公司推出的其他软件高效集成,使短视频创作者足以完成在编辑与制作视频过程中遇到的大多数挑战,满足创建高质量作品的要求。

图 7-1 使用 Premiere 制作视频

↘ 7.1.2 Premiere 的工作界面

在使用 Premiere 进行视频剪辑之前,读者需要先认识 Premiere 的工作界面以及基础操作,以便更顺利地学习和使用该软件。

完成 Premiere 的安装,双击启动图标,即可启动 Premiere,Premiere 的启动界面如图 7-2 所示。

图 7-2 Premiere 的启动界面

119

Premiere 采用了面板式的操作环境，整个工作界面由多个活动面板组成，视频的后期编辑处理就是在各种面板中进行的。Premiere 的工作界面主要由菜单栏、工作界面布局方式、监视器窗口、"项目"面板、"工具"面板、"时间轴"面板、"音频仪表"面板等部分组成，如图 7-3 所示。

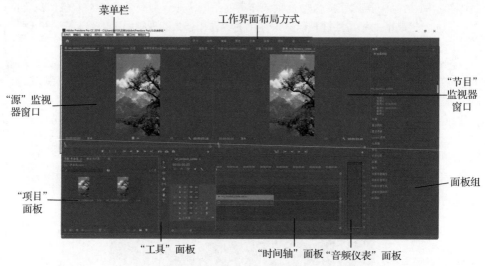

图 7-3　Premiere 的工作界面

1. 菜单栏

Premiere 的菜单栏包含 8 个菜单项,分别是"文件""编辑""剪辑""序列""标记""图形""窗口""帮助"，如图 7-4 所示。用户只有在选中可操作的相关素材之后，菜单中的相关命令才能被激活，否则是灰色不可用状态。

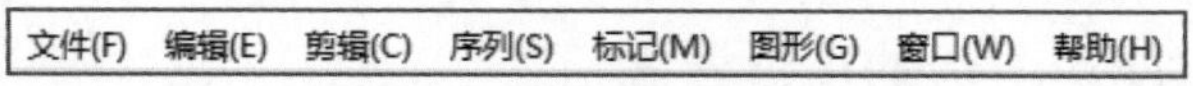

文件(F)　编辑(E)　剪辑(C)　序列(S)　标记(M)　图形(G)　窗口(W)　帮助(H)

图 7-4　Premiere 的菜单栏

2. 工作界面布局方式

Premiere 为用户提供了 8 种工作界面布局方式(见图 7-5),包括"学习""组件""编辑""颜色""效果""音频""图形""库"，默认的工作界面布局方式为"编辑"。单击相应的名称，即可将工作界面切换到相应的布局方式。

图 7-5　工作界面布局方式

3. 监视器窗口

Premiere 包含两个监视器窗口，分别是"节目"监视器窗口和"源"监视器窗口。"节目"监视器窗口主要用来显示视频剪辑处理后的最终效果，如图 7-6 所示。"源"监视器窗口主要用来预览和修剪素材，如图 7-7 所示。

图 7-6 "节目"监视器窗口　　图 7-7 "源"监视器窗口

4."项目"面板

"项目"面板用于对素材进行导入和管理,如图 7-8 所示。该面板中可以显示素材的属性信息,包括素材缩略图、类型、名称、颜色标签、出入点等,用户可以在该面板中对素材进行新建、分类、重命名等操作。

5."工具"面板

"工具"面板中提供了多种可以对素材进行添加、分割,对关键帧进行增加或删除等操作的工具,如图 7-9 所示。

图 7-8 "项目"面板　　　　　图 7-9 "工具"面板

6."时间轴"面板

"时间轴"面板是 Premiere 的核心部分,如图 7-10 所示。在该面板中,用户可以按照时间顺序排列和连接各种素材,实现对素材的剪辑、插入、复制、粘贴等操作,也可以叠加图层、设置动画的关键帧以及合成效果等。

图 7-10 "时间轴"面板

7. "音频仪表"面板

在"音频仪表"面板中，用户可以对"时间轴"面板音频轨道中的音频素材进行相应的设置，如设置音量的高低、设置左右声道等。

7.2 Premiere 基础操作

下面我们将介绍使用 Premiere 剪辑短视频的基础操作，包括创建项目文件和序列、导入素材、导出短视频等。

↘ 7.2.1 创建项目文件和序列

项目文件是一种单独的 Premiere 文件，包含序列以及组成序列的素材，如视频、图片、音频、字幕等。项目文件还保存着图像采集设置、切换和音频混合、编辑结果等信息。在 Premiere 中所有的编辑任务都是通过项目的形式存在和呈现的。Premiere 的一个项目文件是由一个或多个序列组成的，最终输出的影片包含了项目中的所有序列。序列对项目极其重要，因此，熟练掌握序列的操作至关重要。下面我们将介绍如何在 Premiere 中创建项目文件和序列。

扫一扫

创建项目文件
和序列

1. 创建项目文件

创建项目文件的具体操作步骤如下。

（1）启动 Premiere 后，可以在"开始"窗口中单击"新建项目"按钮，也可以执行"文件 > 新建 > 项目"命令，弹出"新建项目"对话框，如图 7-11 所示。

（2）在"名称"文本框中输入项目名称，单击"浏览"按钮，选择项目文件的保存位置，如图 7-12 所示，其他选项可以采用默认设置。

（3）单击"确定"按钮，即可创建一个新的项目文件，在项目文件的保存位置可以看到自动创建的 Premiere 项目文件，如图 7-13 所示。

图 7-11 "新建项目"对话框

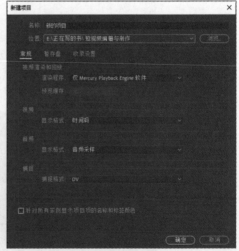

图 7-12 项目文件的保存位置

图 7-13 自动创建的 Premiere 项目文件

2. 创建序列

完成项目文件的创建之后，接下来用户需要在该项目文件中创建序列，具体操作步骤如下。

（1）执行"文件 > 新建 > 序列"命令，或者单击"项目"面板上的"新建项"图标，在弹出的菜单中执行"序列"命令，如图 7-14 所示。

（2）弹出"新建序列"对话框，在"新建序列"对话框中，默认显示的是"序列预设"选项卡，该选项卡中罗列了诸多预设方案，选择某一方案后，在对话

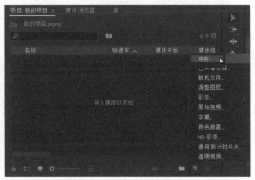

图 7-14 执行"序列"命令

框右侧的列表框中可以查看相应的方案描述及详细参数。由于我国采用的是 PAL（Phase Alternating Line，逐行倒相）电视制式，因此在新建项目时，一般选择 DV-PAL 制式中的"标准 48kHz"模式，如图 7-15 所示。

图 7-15 选择"标准 48kHz"模式

（3）选择"设置"选项卡，如图7-16所示，用户可以在预设方案的基础上进一步修改相关设置和参数，单击"确定"按钮，关闭"新建序列"对话框。

（4）在"项目"面板中可以看到所创建的序列，如图7-17所示。

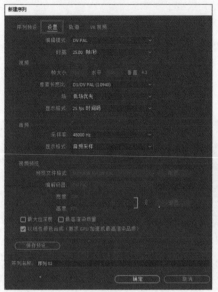

图7-16 "设置"选项卡　　　　　　　　图7-17 创建的序列

↘ 7.2.2 导入素材

下面我们将介绍如何将要编辑的素材文件导入项目文件中，常用的导入方法有以下3种。

1. 使用"媒体浏览器"面板导入

要编辑短视频，用户需要将要用到的素材导入Premiere中。打开"媒体浏览器"面板，从中浏览要在项目中使用的素材，双击素材可以在"源"监视器窗口中浏览素材，以查看是否要使用它，然后右键单击要导入项目中的素材，在弹出的快捷菜单中执行"导入"命令，如图7-18所示。此时即可将所选素材导入"项目"面板中，如图7-19所示。

图7-18 执行"导入"命令　　　　　　　图7-19 将所选素材导入"项目"面板中

2. 使用"导入"对话框导入

在"项目"面板的空白位置双击或直接按 Ctrl+I 组合键，打开"导入"对话框，如图 7-20 所示，选择要导入的素材，然后单击"打开"按钮，即可导入素材。

图 7-20　"导入"对话框

3. 将素材拖入"项目"面板

用户直接将要导入的素材从文件资源管理器拖入 Premiere 的"项目"面板中，即可导入素材，如图 7-21 所示。

图 7-21　将素材拖入"项目"面板

> **提示与技巧**
>
> 　　需要注意的是，Premiere 中的素材实际上是媒体文件的链接，而不是媒体文件本身。例如，在 Premiere 中修改文件名称、在"时间轴"面板中对文件进行裁剪，不会对媒体文件本身造成影响。

↘ 7.2.3　导出短视频

在 Premiere 中完成短视频的剪辑操作后，用户可以快速导出短视频。在导出短视频时，用户可以设置短视频的格式等参数，还可以导出部分视频片段，或者对短视频画面进行裁剪，具体操作方法如下。

（1）在"时间轴"面板中选择要导出的序列，如图 7-22 所示。

（2）按 Ctrl+M 组合键打开"导出设置"对话框，在"格式"下拉列表中选择"H.264"
选项（MP4 格式），如图 7-23 所示。

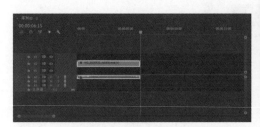

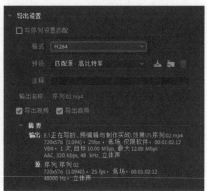

图 7-22　选择要导出的序列　　　　　图 7-23　选择"H.264"选项

（3）单击"输出名称"选项右侧的文件名超链接，在弹出的"另存为"对话框中选
择短视频的保存位置，如图 7-24 所示，输入文件名，然后单击"保存"按钮。

（4）返回"导出设置"对话框，选择"视频"选项卡，调整"目标比特率［Mbps］"数值，
如图 7-25 所示，对短视频进行压缩。设置完成后，单击"导出"按钮，即可导出短视频。

图 7-24　选择短视频的保存位置　　　　图 7-25　调整"目标比特率［Mbps］"数值

7.3　应用视频过渡效果

在 Premiere 中，用户可以利用一些视频过渡效果在视频素材或图
片素材之间创建出丰富多彩的转场过渡特效，使素材在短视频中出现或
消失，从而使素材之间的切换变得更加平滑、流畅。

扫一扫

应用视频过渡
效果

↘ 7.3.1　添加视频过渡效果

对短视频的后期编辑来说，合理地为素材添加一些视频过渡效果，
可以使两个或多个原本不相关的素材在过渡时能够更加平滑、流畅，使
画面更加生动、和谐，也能够极大地提高剪辑短视频的效率。

（1）如果需要为"时间轴"面板中两个相邻的素材添加视频过渡效果，可以在"效果"
面板中展开"视频过渡"选项，如图 7-26 所示。

图 7-26 展开"视频过渡"选项

（2）在相应的过渡效果中选择需要添加的视频过渡效果，按住鼠标左键并将其拖曳至"时间轴"面板中的两个目标素材之间即可，如图 7-27 所示。

图 7-27 将想要应用的视频过渡效果拖曳至两个目标素材之间

↘ 7.3.2 编辑视频过渡效果

将视频过渡效果添加到两个素材之间后，在"时间轴"面板中选择刚添加的视频过渡效果，如图 7-28 所示，即可在"效果控件"面板中对所选中的视频过渡效果进行参数设置，如图 7-29 所示。

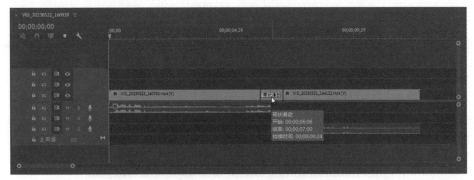

图 7-28 选择视频过渡效果

图 7-29 在"效果控件"面板中对所选中的视频过渡效果进行参数设置

1. 设置持续时间

在"效果控件"面板中，可以通过设置"持续时间"选项来控制视频过渡效果的持续时间。数值越大，视频过渡效果的持续时间越长，反之则视频过渡效果的持续时间越短。图 7-30 所示为修改"持续时间"选项，图 7-31 所示为视频过渡效果在时间轴上的表现。

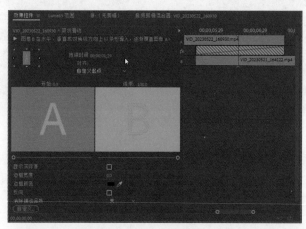

图 7-30 修改"持续时间"选项

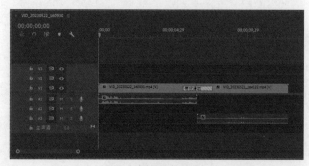

图 7-31 视频过渡效果在时间轴上的表现

2. 编辑视频过渡效果的方向

不同的视频过渡效果具有不同的过渡方向设置,"效果控件"面板中的效果方向示意图四周提供了多个三角形箭头,单击相应的三角形箭头,即可设置该视频过渡效果的方向。例如,单击"自东北向西南"三角形箭头,如图7-32所示,即可在"节目"监视器窗口中看到改变方向后的视频过渡效果,如图7-33所示。

图7-32 单击"自东北向西南"三角形箭头

图7-33 "节目"监视器窗口中的效果

3. 编辑对齐参数

在"效果控件"面板中,"对齐"选项用于控制视频过渡效果的切割对齐方式,有"中心切入""起点切入""终点切入""自定义起点"4种方式。

(1)中心切入:设置"对齐"为"中心切入",视频过渡效果位于两个素材的中心位置,如图7-34所示。

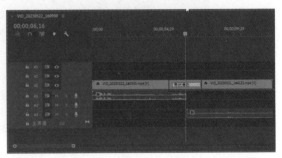

图7-34 设置"对齐"为"中心切入"的效果

(2)起点切入:设置"对齐"为"起点切入",视频过渡效果位于第2个素材的起始位置,如图7-35所示。

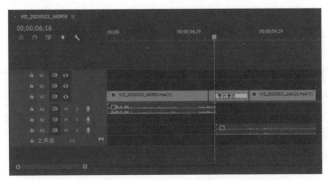

图7-35 设置"对齐"为"起点切入"的效果

(3)终点切入:设置"对齐"为"终点切入",视频过渡效果位于第1个素材的结束位置，如图 7-36 所示。

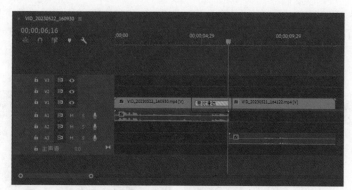

图 7-36　设置"对齐"为"终点切入"的效果

（4）自定义起点：在时间轴中可以通过拖曳调整所添加的视频过渡效果的位置，从而自定义视频过渡效果的起点位置，如图 7-37 所示。

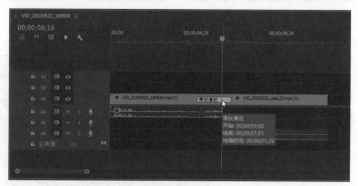

图 7-37　设置"对齐"为"自定义起点"的效果

7.4　添加音频

本节将为读者讲解使用 Premiere 对短视频作品进行音频剪辑的基本操作。熟练掌握音频技术也是非常重要的，因为声音会直接影响到受众在听觉上对短视频作品所呈现出的效果与质量的评判。

↘ 7.4.1　音频处理概述

Premiere 具有强大的音频处理能力。通过"音轨混合器"面板，用户可以使用专业的音轨混合器的工作方式来控制声音。另外，实时的录音功能，以及音频素材和音频轨道的分离处理概念也使得在 Premiere 中处理音频特效更加方便。

1.　处理音频的方式

了解一下 Premiere 中使用的音频素材有哪些效果。将"时间轴"面板中的音频轨道分成两个声道，即左、右声道（L 和 R 通道）。如果一个音频的声音使用单声道，则 Premiere 可以改变这一个声道的效果；如果一个音频的声音使用立体声道，Premiere

可以在两个声道间实现音频特有的效果，如互换声道，将一个声道的声音转移到另一个声道，这在实现声音环绕效果时特别有用；更多音频轨道（最多支持99轨）效果的合成处理使用"音轨混合器"面板来控制最为方便。

Premiere 提供了处理音频的特效。音频特效和视频特效相似，选择不同的特效可以实现不同的音频效果。项目中使用的音频素材可能在文件形式上有所不同，但是一旦添加到项目中，Premiere 将自动地把它转化成在音频设置框中设置的帧，可以像处理视频帧一样方便地进行处理。

2. 处理音频的顺序

Premiere 处理音频特效有一定的顺序，添加音频特效的时候就要考虑添加的次序。Premiere 首先对应用的任何音频特效进行处理，紧接着对在"时间轴"面板的音频轨道中添加的任何摇移效果或者增益进行的调整，它们是最后处理的音频特效。用户要调整素材的增益，可以执行"剪辑 > 音频选项 > 音频增益"命令。

7.4.2 添加音频特效

Premiere 提供了多种音频特效，用户可以通过特效产生回声、和声及去除噪声的效果，还可以使用扩展的插件得到更多的控制。

1. 为素材添加音频特效

可以在"效果"面板中展开"音频效果"选项，如图 7-38 所示，选择音频特效进行设置。在"效果"面板的"音频过渡"选项中，Premiere 还为音频素材提供了简单的"交叉淡化"切换方式，如图 7-39 所示。

图 7-38 展开"音频效果"选项　　　　图 7-39 "交叉淡化"切换方式

2. 设置轨道特效

除了可以对轨道上的音频素材设置特效，用户还可以直接为音频轨道添加特效，具体操作步骤如下。

（1）单击"音轨混合器"面板中左上角的"显示/隐藏效果和发送"按钮，如图7-40所示，展开特效和子轨道设置栏。

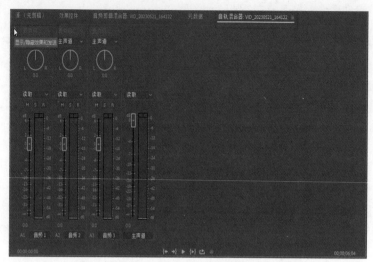

图7-40　单击"显示/隐藏效果和发送"按钮

（2）单击fx区域中的"效果选择"按钮，弹出音频特效菜单，如图7-41所示，选择需要使用的音频特效即可。用户可以在同一个音频轨道上添加多个特效，如图7-42所示，并分别进行控制。

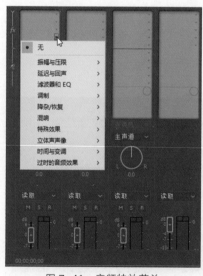

图7-41　音频特效菜单

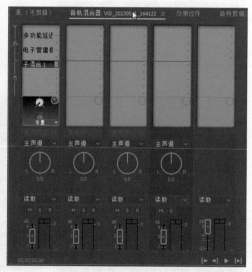

图7-42　添加多个特效

（3）如果要调节轨道的音频特效，可以右键单击音频特效，在弹出的快捷菜单中执行"编辑"命令，如图7-43所示。

（4）弹出"轨道效果编辑器"对话框，如图7-44所示，用户在这里可以进行更加详细、精确的设置。

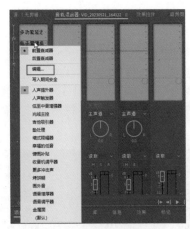

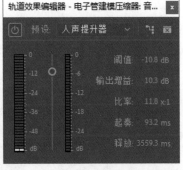

图 7-43　执行"编辑"命令　　　图 7-44　"轨道效果编辑器"对话框

↘ 7.4.3　使用"音轨混合器"面板调节音频

使用 Premiere 的"音轨混合器"面板，用户可以更加有效地调节音频。执行"窗口 > 音轨混合器"命令，可以打开"音轨混合器"面板，如图 7-45 所示，"音轨混合器"面板可以实时混合"时间轴"面板中各轨道的音频素材。用户可以在"音轨混合器"面板中选择相应的轨道音频控制器进行调节，轨道音频控制器可调节在"时间轴"面板中对应轨道的音频素材。

图 7-45　"音轨混合器"面板

1. 认识"音轨混合器"面板

"音轨混合器"面板由若干个轨道音频控制器和音频播放控制器组成。每个轨道音频控制器都由控制按钮、声道调节滑轮、音量调节滑杆组成。

（1）轨道音频控制器

"音轨混合器"面板中的轨道音频控制器用于调节与其对应轨道上的音频素材，控制器 1 对应"音频 1"，控制器 2 对应"音频 2"，以此类推，如图 7-46 所示。轨道音频控制器的数目由"时

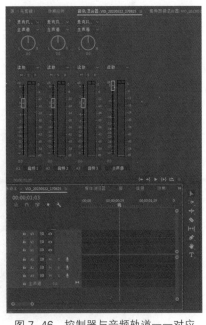

图 7-46　控制器与音频轨道——对应

间轴"面板中的音频轨道数目决定。当在"时间轴"面板中添加音频轨道时，"音轨混合器"面板中将自动添加一个轨道音频控制器与其对应。

轨道音频控制器由控制按钮、声道调节滑轮及音量调节滑杆等组成。

➤ 控制按钮：轨道音频控制器的控制按钮可以控制音频的调节状态，如图7-47所示。

➤ 声道调节滑轮：如果素材为双声道音频，可以使用声道调节滑轮调节播放声道。向左拖动滑轮，输出到左声道（L）的声音增大；向右拖动滑轮，输出到右声道（R）的声音增大。声道调节滑轮如图7-48所示。

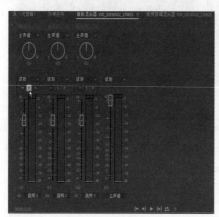

图 7-47　控制按钮　　　　　　　　图 7-48　声道调节滑轮

➤ 音量调节滑杆：通过音量调节滑杆可以控制当前轨道音频素材的音量，Premiere以分贝数显示音量。向上拖动滑杆，可以增加音量；向下拖动滑杆，可以减小音量。下方数值栏中显示当前音量，用户也可直接在数值栏中输入声音的分贝数。播放音频时，滑杆右侧为音量表，显示音频播放时的音量大小；音量表顶部的小方块表示系统所能处理的音量极限，当方块显示为红色时，表示该音频音量超过极限，音量过大。音量调节滑杆如图7-49所示。

（2）音频播放控制器

音频播放控制器用于控制音频的播放，除了"录制"按钮，其他按钮的使用方法与监视器窗口中的播放控制栏中的按钮相同，如图7-50所示。

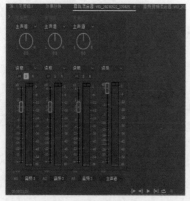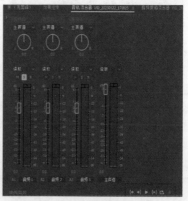

图 7-49　音量调节滑杆　　　　　　图 7-50　音频播放控制器

2．设置"音轨混合器"面板

用户单击"音轨混合器"面板右上方的 ▤ 按钮，可以在弹出的菜单中对该面板进行相关设置，如图 7-51 所示。

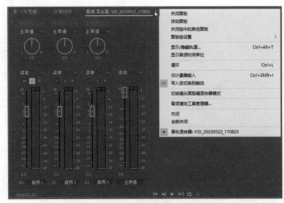

图 7-51　弹出菜单

主要命令说明如下。

（1）显示 / 隐藏轨道：该命令可以对"音轨混合器"面板中的轨道进行隐藏或者显示设置。

（2）显示音频时间单位：该命令可以在时间标尺上显示音频时间单位。

（3）循环：该命令被选定的情况下，系统会循环播放音乐。

7.5　添加字幕

本节将讲解如何使用 Premiere 在短视频中添加字幕以及运用字幕特效的技术和技巧。

7.5.1　字幕设计窗口

字幕设计窗口用于添加字幕，所以我们一定要熟练掌握其使用方法。执行"文件 > 新建 > 旧版标题"命令，弹出图 7-52 所示的"新建字幕"对话框，在其中可以设置字幕的宽度、高度、时基、像素长宽比、名称等，设置完成后单击"确定"按钮。

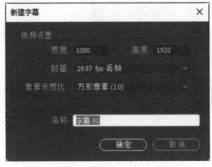

图 7-52　"新建字幕"对话框

扫一扫

字幕设计窗口

进入字幕设计窗口，如图 7-53 所示。字幕设计窗口左侧的工具栏中包括生成、编辑文字与图形的工具，如图 7-54 所示。

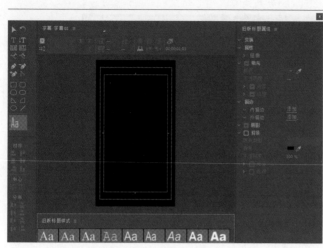

图 7-53　字幕设计窗口　　　　　　　　　　图 7-54　工具栏

↘ 7.5.2　插入图片

在 Premiere 中创建字幕时，用户可以单独插入一张图片，也可以在字幕前面插入图片，具体操作步骤如下。

（1）执行"文件＞新建＞旧版标题"命令，弹出图 7-55 所示的"新建字幕"对话框，设置字幕的宽度、高度、时基、像素长宽比、名称等。设置完成后单击"确定"按钮，进入字幕设计窗口。

（2）右击字幕设计窗口的编辑区，在弹出的快捷菜单中执行"图形＞插入图形"命令，如图 7-56 所示。

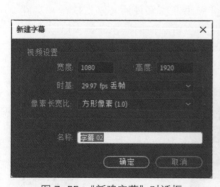

图 7-55　"新建字幕"对话框

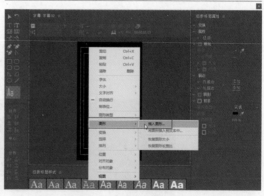

图 7-56　执行"图形＞插入图形"命令

（3）在弹出的"导入图形"对话框中，找到想要插入的图片所在的文件夹，选择图片后单击"打开"按钮即可插入，如图 7-57 所示。

（4）插入的图片如图 7-58 所示。如果图片文件含有透明信息，Premiere 可以完美地再现这些透明信息，以达成最好的合成效果。

图 7-57 在"导入图形"对话框中选择图片　　图 7-58 插入的图片

（5）用户可以根据需要调整图片的位置和大小、添加阴影等，还可以配上文字，效果如图 7-59 所示。

图 7-59 配上文字

↘ 7.5.3 添加路径文字字幕

用户在 Premiere 中可以绘制文字路径，让文字根据路径排列，添加路径文字字幕的具体操作步骤如下。

（1）执行"文件 > 新建 > 旧版标题"命令，在弹出的图 7-60 所示的"新建字幕"对话框中设置字幕的宽度、高度、时基、像素长宽比、名称等。设置完成后单击"确定"按钮，进入字幕设计窗口。

（2）选择工具栏中的垂直路径文字工具。

（3）移动鼠标指针到窗口中，这时鼠标指针变为垂直路径文字工具图标，在要输入文字的位置处单击。

（4）移动鼠标指针到另一个位置，再次单击将会出现一条直线，即载入路径，如图 7-61 所示。

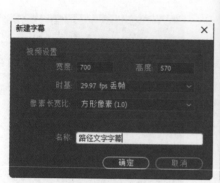

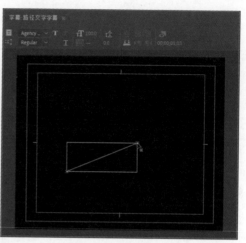

图 7-60 "新建字幕"对话框　　　　　图 7-61 载入路径

（5）选择文字工具，在路径上单击并输入文字即可。用户使用选择工具可以调整路径的控制点来改变文字的方向，如图 7-62 所示。

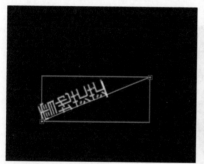 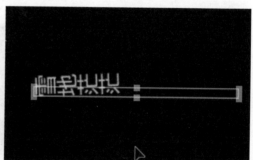

图 7-62 改变文字的方向

7.5.4 添加光晕效果字幕

用户添加光晕效果字幕的具体操作步骤如下。

（1）新建一个项目文件，导入要添加字幕的素材，将其拖入"时间轴"面板。然后执行"文件 > 新建 > 旧版标题"命令，在弹出的图 7-63 所示的"新建字幕"对话框中设置字幕的宽度、高度、时基、像素长宽比、名称等。设置完成后单击"确定"按钮，进入字幕设计窗口。

（2）在工具栏中单击"显示背景视频"按钮，显示视频轨道上的素材。选择文字工具，单击编辑区并输入文字。然后使用选择工具调整文字的位置，如图 7-64 所示。

（3）勾选字幕设计窗口右侧的"填充"参数栏下的"光泽"复选框，如图 7-65 所示，即可以为对象添加光晕，产生迷人的金属光泽。

（4）为文字指定填充类型、颜色、不透明度、角度、大小和偏移值，如图 7-66 所示。光晕效果如图 7-67 所示。

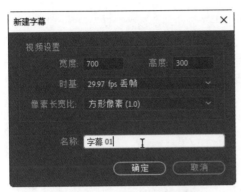

图 7-63　"新建字幕"对话框

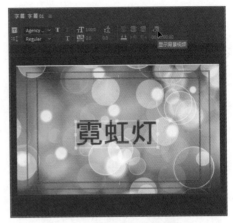

图 7-64　输入文字并调整位置

图 7-65　勾选"光泽"　图 7-66　设置文字　　　图 7-67　光晕效果
复选框

7.6　调色、抠像与蒙版的应用

在 Premiere 中，系统内置的视频效果类型较多，并且每个类型中都包含众多的视频效果。这些系统内置的视频效果不仅可以用来调整画面颜色，还可以用来进行视频合成或抠像等。

↘ 7.6.1　对视频进行调色操作

调色主要是对视频素材的各种颜色属性进行调整，使视频素材画面的颜色整体效果、鲜艳程度等达到最佳的视觉效果。调整视频素材画面颜色的视频效果主要位于"图像控制"视频效果组、"调整"视频效果组、"通道"视频效果组和"颜色校正"视频效果组中，下面分别进行简单介绍。

> **提示与技巧**
>
> Premiere 具有许多内置效果。有些是固定效果（即预先应用或内置的效果），有些是应用于剪辑的标准效果。

1."图像控制"视频效果组

"图像控制"视频效果组中的视频效果主要通过各种方法对素材中的特定颜色进行处理，从而制作出特殊的视觉效果。该视频效果组中包含"灰度系数校正""颜色替换""颜色过滤""黑白"4个视频效果。

（1）"灰度系数校正"视频效果可在不显著更改阴影和高光的情况下使画面变亮或变暗。其实现的方法是更改中间调的亮度级别（中间灰色阶），同时保持暗区和亮区不受影响。默认灰度系数设置为10。在该效果的"设置"对话框中，可将灰度系数从1调整到28。

（2）"颜色替换"视频效果可将所有出现的选定颜色替换成新的颜色，同时保留灰色阶，使用此效果可以更改图像中的对象的颜色。

（3）"颜色过滤"视频效果将视频转换成灰度，但不包括指定的单个颜色，使用"颜色过滤"视频效果可强调视频的特定区域。

（4）"黑白"视频效果将彩色视频转换成灰度，也就是颜色显示为灰度。无法通过关键帧动画化此效果。

图7-68所示为应用"灰色系数校正"视频效果的效果，图7-69所示为应用"黑白"视频效果的效果。

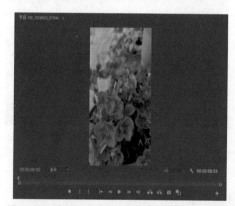 

图7-68 应用"灰色系数校正"视频效果的效果　　　图7-69 应用"黑白"视频效果的效果

2. "调整"视频效果组

"调整"视频效果组中的视频效果可以调整素材的颜色、亮度、质感等。在实际应用中主要用于修复原始素材的偏色及曝光不足等问题，也可以用来制作特殊的色彩效果。"调整"视频效果组中包含"ProcAmp""光照""色阶""提取"4个视频效果。

（1）"ProcAmp"视频效果可模仿标准电视设备上的处理放大器。此效果用于调整剪辑图像的亮度、对比度、色相、饱和度，以及拆分百分比等。

（2）"光照"视频效果可对视频应用光照效果，最多可采用5种光照来产生有创意的照明氛围，可以控制光照类型、方向、强度、颜色、光照中心和光照传播之类的光照属性。

（3）"色阶"视频效果可控制视频的亮度和对比度。此效果结合了色彩平衡、灰度系数校正、亮度与对比度和反转效果的功能。

（4）"提取"视频效果可从视频中移除颜色，从而创建灰度图像。

图7-70所示为应用"光照"视频效果的效果，图7-71所示为应用"提取"视频效果的效果。

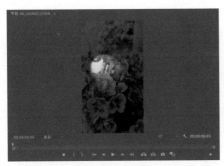 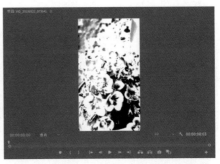

图 7-70 应用"光照"视频效果的效果　　图 7-71 应用"提取"视频效果的效果

3. "通道"视频效果组

"通道"视频效果组中的视频效果主要通过素材通道的转换与插入等方式来改变素材画面的色彩效果，从而制作出各种特殊的效果。"通道"视频效果组中包含"反转"视频效果和"复合运算"视频效果。

（1）"反转"视频效果可反转图像的颜色信息。

（2）"复合运算"视频效果可对两个图层的像素进行数学运算。

图 7-72 所示为应用"反转"视频效果的效果，图 7-73 所示为应用"复合运算"视频效果的效果。

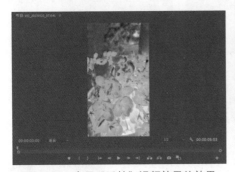 

图 7-72 应用"反转"视频效果的效果　　图 7-73 应用"复合运算"视频效果的效果

4. "颜色校正"视频效果组

"颜色校正"视频效果组中的视频效果主要用于对素材画面的色彩进行调整，如色彩的亮度、对比度、色相等，从而校正素材的色彩效果。Premiere 提供了专业质量的颜色分级和颜色校正工具，短视频创作者可以直接在时间轴上编辑素材。在"视频效果"选项内的"颜色校正"视频效果组中，短视频创作者可以找到颜色调整和明亮度调整效果。

图 7-74 所示为应用"颜色校正"视频效果的效果。

图 7-74 应用"颜色校正"视频效果的效果

↘ 7.6.2 对视频进行抠像操作

在进行合成时，用户经常需要将不同的对象合成到一个场景中去，可以使用 Alpha 通道来完成合成工作。但是，在实际工作中，用户能够使用 Alpha 通道进行合成的影片非常少，因为摄像机是无法产生 Alpha 通道的。这时，用户对视频进行抠像操作就显得非常有必要了。

除了必须具备高精度的素材，拥有功能强大的抠像工具也是实现完美抠像效果的先决条件。Premiere 中提供了 9 种优质的抠像效果。用户利用多种抠像效果，可以轻易地剔除影片中的背景。不同的抠像方式适用于不同的素材。如果使用一种抠像方式不能实现完美的抠像效果，可以尝试使用其他的抠像方式，看一看哪个效果最好。同时，用户还可以对抠像过程实现动画操作，这对于比较复杂的抠像素材非常有用。

在进行抠像叠加合成画面时，用户至少需要在抠像层和背景层上下两个轨道上安置素材，并且抠像层在背景层之上。这样，用户在为对象设置抠像效果后，才可以透出底下的背景层，如图 7-75 所示。

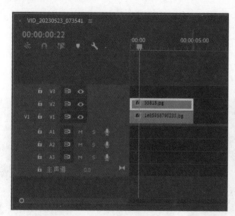

图 7-75 抠像叠加

用户选择好抠像素材后，在"效果"面板中的"视频效果"选项的"键控"视频效果组下，可以找到 Premiere 的抠像效果，如图 7-76 所示。

↘ 7.6.3 使用蒙版为视频局部添加马赛克效果

在 Premiere 中，用户可以直接使用功能强大的蒙版。蒙版能够在剪辑过程中定义要模糊、覆盖、高光显示、应用效果或校正颜色的特定区域。用户可以创建和修改不同形状的蒙版，如圆形蒙版或矩形蒙版，或者使用钢笔工具绘制贝塞尔曲线。

图 7-76 抠像效果

本小节将通过一个案例讲解将视频效果与蒙版相结合的方法，实现为视频局部添加马赛克效果，具体操作步骤如下。

（1）执行"文件 > 新建 > 项目"命令，弹出"新建项目"对话框，设置项目文件的名称和位置，单击"确定"按钮，新建项目文件。执行"文件 > 新建 > 序列"命令，弹出"新建序列"对话框，在"序列预设"选项卡中选择"AVCHD"的"1080p"中的"AVCHD 1080p30"选项，如图 7-77 所示，单击"确定"按钮，新建序列。

图 7-77　选择"AVCHD 1080p30"选项

（2）将视频素材 01426.mp4 导入"项目"面板中，如图 7-78 所示。将"项目"面板中的 01426.mp4 视频素材拖入"时间轴"面板的 V1 轨道中，在"节目"监视器窗口中查看该视频素材的效果，如图 7-79 所示。

图 7-78　导入视频素材到"项目"
　　　　 面板中

图 7-79　在"节目"监视器窗口中查看视频素材的效果

（3）选择 V1 轨道中的视频素材，打开"效果"面板，展开"视频效果"选项中的"风格化"视频效果组，将"马赛克"视频效果拖曳至 V1 轨道中的视频素材上，为视频素材应用"马赛克"视频效果，如图 7-80 所示。打开"效果控件"面板，对"马赛克"

视频效果的相关选项进行设置，如图 7-81 所示。

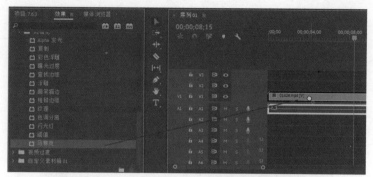

图 7-80 为视频素材应用"马赛克"视频效果

图 7-81 设置"马赛克"视频效果的相关选项

（4）完成"马赛克"视频效果相关选项的设置后，在"节目"监视器窗口中可以看到应用"马赛克"视频效果的效果，如图 7-82 所示。在"效果控件"面板中单击所应用的"马赛克"视频效果选项下方的"创建椭圆形蒙版"按钮，自动为当前素材添加椭圆形蒙版，如图 7-83 所示。

图 7-82 应用"马赛克"视频效果的效果

图 7-83 自动为素材添加椭圆形蒙版

（5）在"节目"监视器窗口中，将鼠标指针移至椭圆形蒙版的内部并拖曳，可以调整蒙版的位置，如图 7-84 所示。拖曳蒙版路径上的控制点，可以调整蒙版的大小和形状，如图 7-85 所示。

图 7-84　调整蒙版的位置　　　　　　　　图 7-85　调整蒙版的大小和形状

（6）在"效果控件"面板的"马赛克"视频效果选项下方会自动添加与蒙版相关的
设置选项，单击"蒙版路径"选项右侧的"向前跟踪所选蒙版"图标，如图 7-86 所示。
系统会自动播放视频素材并进行蒙版的跟踪处理，显示跟踪进度，如图 7-87 所示。

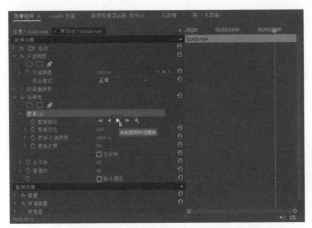

图 7-86　单击"向前跟踪所选蒙版"图标　　　　图 7-87　显示跟踪进度

（7）完成蒙版的跟踪处理后，即可完成视频局部马赛克效果的添加。在"节目"监
视器窗口中单击"播放"按钮，预览视频效果，如图 7-88 所示。

图 7-88　预览视频效果

素养课堂

短视频创作者不得未经授权自行剪切影视剧

中国网络视听节目服务协会发布了《网络短视频内容审核标准细则》(2021)（简称《细则》），《细则》针对社会高度关注的泛娱乐化、低俗庸俗媚俗问题的新表现，以及泛娱乐化恶化舆论生态、利用未成年人制作不良节目、违规传播广播电视和网络视听节目片段、未经批准擅自引进并播出境外节目等典型突出问题，为各短视频平台一线审核人员提供了更为具体和明确的工作指引。

其中第 93 条标准规定，短视频创作者不得未经授权自行剪切、改编电影、电视剧、网络影视剧等各类视听节目及片段。

影视剧剪辑门槛较低，容易上手，因而吸引了众多参与者。在短视频平台上，以影视剧剪辑为主的账号众多，粉丝数量巨大。"野蛮生长"的短视频在吸引大量用户关注的同时，也长期游走在版权保护的边缘地带，甚至出现了侵权、盗版泛滥的现象。影视剧切条、搬运带来的版权争议持续不断。一些影视类博主把别人的劳动成果剪辑一下，就将其变成了自己吸引流量和粉丝的工具；一些混剪、二创的短视频更是曲解了影视剧的原意，对原创作者也是一种伤害。这些无疑是不合适的。

实战案例讲解——制作画面拼贴效果

下面使用 Premiere 制作画面拼贴效果，具体操作步骤如下。

（1）执行"文件 > 新建 > 项目"命令，弹出"新建项目"对话框，设置项目文件的名称和位置等，如图 7-89 所示。单击"确定"按钮，新建项目文件。

（2）执行"文件 > 新建 > 序列"命令，弹出"新建序列"对话框，在预设列表中选择"AVCHD"的"1080p"中的"AVCHD 1080p25"选项，如图 7-90 所示。单击"确定"按钮，新建序列。

图 7-89　设置项目文件　　　图 7-90　选择"AVCHD 1080p25"选项

（3）将视频素材导入"项目"面板中，如图 7-91 所示。

（4）将"项目"面板中的视频素材拖入"时间轴"面板的 V1 轨道中，在"节目"监视器窗口中可以看到该素材的效果，如图 7-92 所示。

图 7-91　导入视频素材　　　　　　　图 7-92　视频素材效果

（5）打开"效果"面板，展开"视频效果"选项，将"生成"视频效果组中的"网格"视频效果拖曳到 V1 轨道中的视频素材上，如图 7-93 所示。

（6）选择 V1 轨道中的视频素材，打开"效果控件"面板，对"网格"视频效果的相关选项进行设置，如图 7-94 所示。

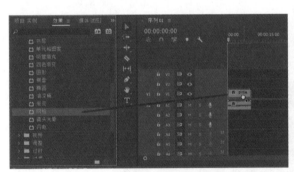

图 7-93　应用"网格"视频效果　　　图 7-94　设置"网格"视频效果的
　　　　　　　　　　　　　　　　　　　　　　　相关选项

（7）完成"网格"视频效果相关选项的设置后，在"节目"监视器窗口中可以看到相应的效果，如图 7-95 所示。

（8）在"效果"面板中，将"视频效果"选项中的"视频"视频效果组中的"时间码"视频效果拖曳到 V1 轨道中的视频素材上，如图 7-96 所示。

（9）打开"效果控件"面板，对"时间码"视频效果的相关选项进行设置，如图 7-97 所示。

（10）完成"时间码"视频效果相关选项的设置后，在"节目"监视器窗口中可以看到相应的效果，如图 7-98 所示。

图 7-95 在"节目"监视器窗口中查看效果（1）

图 7-96 应用"时间码"视频效果

图 7-97 设置"时间码"视频
效果的相关选项

图 7-98 在"节目"监视器窗口中查看效果（2）

（11）完成视频画面拼贴效果的制作后，在"节目"监视器窗口中单击"播放"按钮，预览视频效果，如图 7-99 所示。

图 7-99 预览视频效果

【思考与练习】

一、填空题

（1）一个好的_____可以让用户更容易地理解视频内容，而一个混乱的_____则会让用户感到困惑。

（2）_____面板是 Premiere 的核心部分，在该面板中，用户可以按照时间顺序排列和连接各种素材，实现对素材的剪辑、插入、复制、粘贴等操作。

（3）_____是一种单独的 Premiere 文件，包含序列以及组成序列的素材，如视频、图片、音频、字幕等。

（4）将要编辑的素材文件导入项目文件中，常用的导入方法有_____、

_____、_____。

二、选择题

（1）（ ）主要用来显示视频剪辑处理后的最终效果。

    A. "节目"监视器窗口   B. "源"监视器窗口

    C. "项目"面板   D. 工作界面

（2）设置"对齐"为（ ），视频过渡效果位于第 1 个素材的结束位置。

    A. "起点切入"   B. "终点切入"

    C. "中心切入"   D. "自定义起点"

（3）通过（ ）可以控制当前轨道音频素材的音量。

    A. 控制按钮   B. 声道调节滑轮

    C. 音量调节滑杆   D. 音频播放控制器

（4）（ ）视频效果可在不显著更改阴影和高光的情况下使画面变亮或变暗。

    A. "颜色替换"   B. "颜色过滤"

    C. "黑白"   D. "灰度系数校正"

三、思考题

（1）Premiere 的工作界面由哪些部分组成？

（2）怎样创建项目文件？

（3）如何导出短视频？

（4）怎样添加音频特效？

四、实操训练

使用 Premiere 编辑与制作短视频。

（1）将要编辑的素材文件导入 Premiere 项目文件中，如图 7-100 所示。

图 7-100 导入 Premiere 项目文件

（2）为导入的视频素材添加视频过渡效果，如图 7-101 所示。

图 7-101　添加视频过渡效果

（3）执行"文件>新建>旧版标题"命令，弹出图 7-102 所示的"新建字幕"对话框，在其中可以设置字幕的宽度、高度、时基、像素长宽比、名称等。

（4）在工具栏中单击"显示背景视频"按钮，显示视频轨道上的素材。选择文字工具，单击编辑区并输入文字。输入文字并调整位置，如图 7-103 所示。

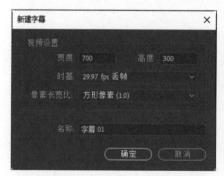

图 7-102　"新建字幕"对话框

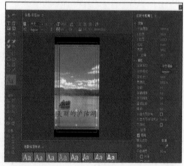

图 7-103　输入文字并调整位置

第 **8** 章
使用其他工具制作短视频

　　除了剪映、Premiere，还有许多短视频制作工具，这些短视频制作工具的使用方法和剪映类似，但是又各有其特点。本章将介绍几款短视频制作工具的使用方法，包括快剪辑、爱剪辑、小影等，以帮助读者了解并掌握更多的短视频制作工具的使用方法和技巧。

【学习目标】

➢ 掌握使用快剪辑制作短视频的方法。
➢ 掌握使用爱剪辑制作短视频的方法。
➢ 掌握使用小影制作短视频的方法。

【导引案例】"00后"毕业生教老人制作短视频

在老年大学做兼职老师的闵乐在互联网上"小火了一把"。她的一条短视频收获了约47万个赞，6万多条评论，紧接着多家媒体采访报道，闵乐自己也从新闻记录者变成了新闻当事人。

"我是一名老年大学老师，昨晚12点，75岁的学生给我发来消息，我真的好感动，被人信任和喜欢的感觉真的好幸福。"闵乐分享了一位学生发来的聊天记录，老人因为她的敬业和热心帮助，而坚持在老年大学学习。短视频发出后，不少网友被老人的真诚打动，询问闵乐如何去老年大学当老师。

当初，闵乐向老年大学投递简历后不久，就接到电话通知被录用，成了那所老年大学最年轻的老师。她做出这个选择并不是"头脑一热"。闵乐在大学时代就跟过几个剧组，从事编剧和策划工作，也去过互联网大厂做运营类的工作，但她始终觉得面对高强度的工作和高压力的沟通，自己时常陷入迷茫和焦虑。毕业工作一段时间后，她选择了辞职，但不想一直闲着的她很快开始琢磨找一份兼职。

她开始思考，自己的优势在哪里？未来应该朝哪个方向发展？每周两节课，教老人拍短视频和剪辑，虽然收入并不算多，但是却足以让她发现生活的美好。

闵乐最初以为，中老年人发的短视频很多都是"土土的""用很多特效和夸张的模板"，但真正走进老年大学的时候，她发现老人其实也有对精致短视频、漂亮短视频的追求，只不过他们限于认知和经验的不足，很多基础软件和常规操作都没有听说过，更不知道"原来还能这样玩"。

在教授剪辑技巧之前，闵乐花时间向老人普及了常见的手机剪辑软件，帮助他们记住每一个图标符号的功能和位置。在课堂上，她一遍又一遍地教老人如何给短视频添加字幕、选择配乐、增加特效转场，给老人讲解"什么是蒙太奇"。

思考与讨论

（1）老人为什么也喜欢短视频？

（2）关于老人学习制作短视频，你有什么建议？

8.1 使用快剪辑制作短视频

快剪辑作为一款功能齐全、操作简捷、可以在线边看边剪的视频剪辑软件，可以为短视频添加特效字幕、水印签名等内容。下面介绍快剪辑的常见操作，包括导入与编辑短视频，添加字幕、转场及滤镜等。

↘ 8.1.1 导入与编辑短视频

我们使用快剪辑导入与编辑短视频，具体操作步骤如下。

（1）启动快剪辑，单击"专业模式"按钮，如图8-1所示。

（2）单击右上方的"本地视频"按钮，如图8-2所示。

（3）弹出"打开"对话框，选择要导入的视频素材，单击"打开"按钮，如图8-3所示。

（4）视频素材打开成功后的界面如图8-4所示。

（5）将视频素材依次拖至"视频"轨道上，如图8-5所示。

扫一扫

导入与编辑短视频

图 8-1 单击"专业模式"按钮

图 8-2 单击"本地视频"按钮

图 8-3 选择视频素材并单击"打开"按钮

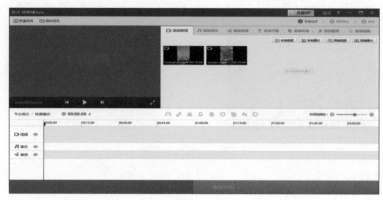

图 8-4　视频素材打开成功后的界面

图 8-5　将视频素材拖至"视频"轨道上

（6）打开"添加音乐"选项卡，找到所需的音乐后，单击其右侧的"+"按钮，如图 8-6 所示。

图 8-6　添加音乐

（7）在"音乐"轨道上调整音频的位置，可通过拖动音频两侧的滑块来调整音频的起点和终点位置，如图 8-7 所示。

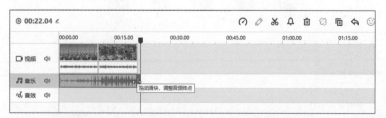

图 8-7　调整音频的起点和终点位置

（8）单击"音乐"右侧的小喇叭图标，拖动弹出的滑块可以调整音量，如图 8-8 所示。

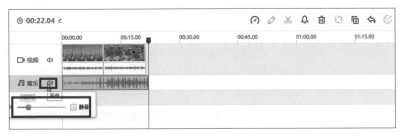

图 8-8　调整音量

（9）在"视频"轨道上双击视频，进入"编辑视频片段"窗口，在此窗口中可以对视频进行裁剪以及添加贴图、标记、二维码、马赛克等操作。例如，在上方单击"贴图"按钮，窗口右侧会出现各种贴图，从中选择自己想要的贴图即可，如图 8-9 所示，添加完成后，单击"完成"按钮。

图 8-9　添加贴图

8.1.2　添加字幕、转场及滤镜

我们使用快剪辑可以为短视频添加字幕、转场及滤镜，具体操作步骤如下。

（1）导入短视频后，在时间轴中拖动时间线，将其定位到要添加字幕的位置，如图 8-10 所示。

图 8-10　拖动时间线（1）

扫一扫

添加字幕、转场及滤镜

（2）打开"添加字幕"选项卡，选择需要的字幕后单击其右上角的"+"按钮，如图 8-11 所示。

（3）在弹出的"字幕设置"对话框中修改字幕文字，如输入"依山傍水"，接着选择字幕样式，再拖动字幕以调整字幕的大小及位置；之后拖动时间轴中的时间线，设置字幕的出现时间及持续时间，如图 8-12 所示，然后单击"保存"按钮。

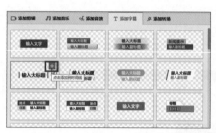

图 8-11　单击"+"按钮（1）

图 8-12　设置字幕（1）

（4）在时间轴中拖动时间线，将其定位到要添加字幕的位置，如图 8-13 所示。

（5）单击想要添加的字幕的右上角的"+"按钮，如图 8-14 所示。

图 8-13　拖动时间线（2）

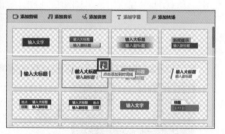

图 8-14　单击"+"按钮（2）

（6）在弹出的"字幕设置"对话框中修改字幕文字，如输入"举世闻名"，接着选择字幕样式，再用之前的方法调整字幕的大小及位置，设置字幕的出现时间及持续时间，如图 8-15 所示，然后单击"保存"按钮。

（7）用同样的方法继续添加字幕，如图 8-16 所示。

（8）在"添加转场"选项卡中选择所需的转场效果，单击转场效果右上角的"+"按钮，如图 8-17 所示，将其添加至短视频上。

图 8-15 设置字幕（2）

图 8-16 继续添加字幕

图 8-17 单击"+"按钮（3）

（9）单击"添加滤镜"选项卡选择所需的滤镜效果，单击滤镜效果右上角的"+"按钮，如图 8-18 所示，将其添加至短视频上。最后单击底部的"保存导出"按钮，即可完成视频的制作。

图 8-18　添加滤镜

8.2　使用爱剪辑制作短视频

　　爱剪辑是一款实用的视频剪辑软件，支持为短视频添加字幕、调色、添加相框等功能，操作简单、快捷。下面我们使用爱剪辑导入与裁剪短视频、添加字幕、添加画面风格、添加转场特效。

8.2.1　导入与裁剪短视频

　　我们使用爱剪辑导入与裁剪短视频的具体操作步骤如下。

　　（1）启动爱剪辑，弹出"新建"对话框，并设置视频尺寸，单击"确定"按钮，如图 8-19 所示。

　　（2）单击"添加视频"按钮，如图 8-20 所示。

图 8-19　"新建"对话框

图 8-20　单击"添加视频"按钮

　　（3）在弹出的"请选择视频"对话框中选择视频，然后单击"打开"按钮，如图 8-21 所示。

　　（4）在弹出的"预览/截取"对话框中可以截取视频，单击"确定"按钮，如图 8-22 所示。

　　（5）视频素材已被导入爱剪辑中。在视频预览区域的下方单击"保存所有设置"按钮，如图 8-23 所示。

图 8-21　"请选择视频"对话框　　　8-22　"预览/截取"对话框

图 8-23　单击"保存所有设置"按钮

（6）在弹出的对话框中选择保存路径，输入文件名后单击"保存"按钮，如图8-24所示。

图 8-24　保存文件

（7）在弹出的"提示"对话框中单击"确定"按钮，如图 8-25 所示。

（8）在视频列表中选择视频，在其右侧单击"静音"按钮，将视频设置为静音，然后单击"确认修改"按钮，如图 8-26 所示。

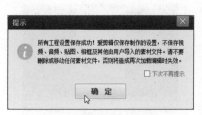

图 8-25 "提示"对话框

图 8-26 将视频设置为静音

（9）在视频片段区域中的视频处单击鼠标右键，在弹出的快捷菜单中执行"复制多一份"命令（见图 8-27），或者按 Ctrl+C 组合键复制视频，根据需要将视频复制 7 次。

（10）在左上方的视频列表中选择第 1 个视频，单击"预览/截取原片"按钮，如图 8-28 所示。

图 8-27 执行"复制多一份"命令

图 8-28 单击"预览/截取原片"按钮

（11）弹出"预览/截取"对话框，拖动视频下方的滑块将其定位到要作为视频起点的位置，然后单击"开始时间"右侧的图标，获取开始时间，再用相同的方法获取结束时间，然后单击"确定"按钮，如图 8-29 所示。

（12）采用同样的方法对其他视频进行裁剪操作。在"对视频施加"下拉列表中选择所需的效果，此处选择"快进效果"选项，然后将"加速速率"设置为 2，如图 8-30 所示，单击"确定"按钮。

图 8-29 获取开始时间和结束时间

图 8-30 添加快进效果并设置速率

（13）视频裁剪完毕后，可查看其在最终影片中的时间和截取时长，如图 8-31 所示。

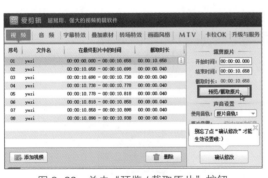

图 8-31 查看视频在最终影片中的时间和截取时长

8.2.2 添加字幕

我们使用爱剪辑为短视频添加字幕的具体操作步骤如下。

（1）在视频列表中选择第 1 个视频，单击"预览／截取原片"按钮，如图 8-32 所示。

（2）在弹出的"预览／截取"对话框中打开"魔术功能"选项卡，在"对视频施加"下拉列表中选择"定格画面效果"选项，设置定格的时间点和定格时长，如分别设置为 7 秒和 9 秒，如图 8-33 所示，即可使视频播放到第 7 秒时停留 9 秒以显示字幕动画，然后单击"确定"按钮。

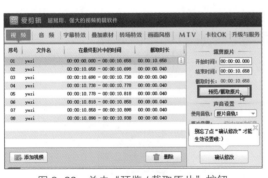

图 8-32 单击"预览／截取原片"按钮　　图 8-33 在"魔术功能"选项卡中设置

（3）打开"字幕特效"选项卡，然后在视频预览画面中双击，如图 8-34 所示。

（4）在弹出的对话框中输入文字"浓郁葱茏"，如图 8-35 所示，单击"确定"按钮。

（5）选择字幕，在"字体设置"下方设置字体格式为"华文行楷"，如图 8-36 所示。

图 8-34　在视频预览画面中双击

图 8-35　输入文字

图 8-36　设置字体格式

（6）在字幕特效列表中选择"缤纷秋叶"特效，在"特效参数"下方设置特效的停留、消失时长；勾选"逐字消失"复选框，单击"播放试试"按钮，预览字幕效果，如图 8-37 所示。

图 8-37　设置字幕效果

（7）若要删除字幕特效，单击右下方的"删除"图标即可，如图 8-38 所示。添加的字幕特效可以通过按 Ctrl+C 组合键和 Ctrl+V 组合键进行复制和粘贴。

图 8-38　单击"删除"图标

↘ 8.2.3　添加画面风格

通过巧妙地添加画面风格，短视频能够更具美感，产生更独特的视觉效果。我们添加画面风格的具体操作步骤如下。

（1）在视频列表中选择第 1 个视频，打开"画面风格"选项卡，在左侧单击"动景"按钮，选择"烟花灿烂"效果，并单击"添加风格效果"按钮，在弹出的菜单中执行"为当前片段添加风格"命令，如图 8-39 所示。

（2）添加成功后，即可在视频预览区域查看为视频添加的"烟花灿烂"效果，如图 8-40 所示。

图 8-39　添加"烟花灿烂"效果　　　　图 8-40　查看为视频添加的"烟花灿烂"效果

（3）在视频列表中选择第 4 个视频，打开"画面风格"选项卡，在左侧单击"滤镜"按钮，选择"放射模糊"效果，并单击"添加风格效果"按钮，在弹出的菜单中执行"为当前片段添加风格"命令，如图 8-41 所示。

（4）在界面右侧的"效果设置"中滑动滑块以设置"强度"参数，如图 8-42 所示，单击"确认修改"按钮，在视频预览区域便可以预览效果。

（5）在左侧单击"画面"按钮，可以为视频添加多种"位置调整"或"画面调整"效果，如图 8-43 所示。

（6）在左侧单击"美化"按钮，可以为视频添加多种"美颜""人像调色""画面色调""胶片色调"等效果，如图 8-44 所示。

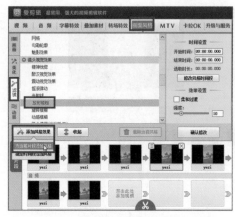

图 8-41　为第 4 个视频添加画面风格

图 8-42　设置"强度"参数

图 8-43　添加画面效果

图 8-44　添加美化效果

8.2.4　添加转场特效

恰到好处的转场特效能使不同场景的视频片段过渡得更加自然，并使视频产生一些特殊的视觉效果。我们用爱剪辑为视频添加转场特效的具体操作步骤如下。

（1）在视频列表中选择第 2 个视频，打开"转场特效"选项卡，在"3D 或专业效果类"列表中双击"波浪特效"转场特效，如图 8-45 所示。

（2）添加成功后，即可在视频预览区域中预览转场特效，如图 8-46 所示。

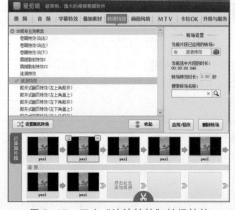

图 8-45　双击"波浪特效"转场特效

图 8-46　预览转场特效（1）

（3）在视频列表中选择第 5 个视频，在"箭头效果类"列表中双击"箭头从左到右"转场特效，将"转场特效时长"设置为 2 秒，单击"应用/修改"按钮，如图 8-47 所示。

（4）添加成功后，即可在视频预览区域中预览转场特效，如图 8-48 所示。

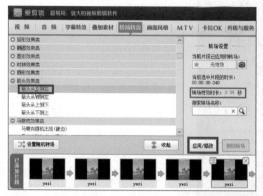 

图 8-47 添加"箭头从左到右"转场特效并设置时长　　图 8-48 预览转场特效（2）

（5）在视频列表中选择第 6 个视频，在"3D 或专业效果类"列表中双击"多镜头特写特效"转场特效，将"转场特效时长"设置为 2 秒，单击"应用/修改"按钮，如图 8-49 所示。

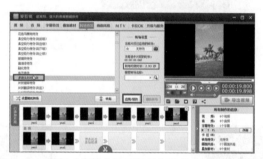

图 8-49 添加"多镜头特写特效"转场特效并设置时长

（6）在视频列表中选择最后一个视频，在"淡入淡出效果类"列表中双击"透明式淡入淡出"转场特效，将"转场特效时长"设置为 2 秒，单击"应用/修改"按钮，如图 8-50 所示。

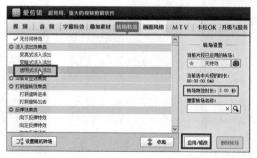

图 8-50 添加"透明式淡入淡出"转场特效并设置时长

8.3 使用小影制作短视频

小影是一款全能、简易的手机视频剪辑 App，易于上手。我们使用小影可以轻松地对视频进行修剪、变速和配乐等操作，也可以一键生成主题视频，还可以为视频添加胶片滤镜、字幕、贴纸、视频特效、转场等。

↘ 8.3.1 认识小影

打开手机中安装的小影，默认进入的是"剪辑"界面，如图 8-51 所示，该界面提供了小影的核心功能。点击"剪辑"界面上方的"开始剪辑"按钮，打开图 8-52 所示的界面，点击"立即授权"按钮。切换到手机素材选择界面，如图 8-53 所示。

点击"剪辑"界面底部的"热门模板"按钮，切换到"热门模板"界面中为小影提供的短视频模板，如

图 8-54 所示。

图 8-51 "剪辑"界面　　图 8-52 点击"立即授权"按钮

选择一个模板，点击底部的"制作同款"按钮，如图 8-55 所示，我们可以使用该模板制作同款短视频。

图 8-53 手机素材选择　　图 8-54 "热门模板"　　图 8-55 点击"制作同款"
　　　　界面　　　　　　　　　界面　　　　　　　　　　按钮

↘ 8.3.2　使用小影制作短视频

我们使用小影制作短视频的具体操作步骤如下。

（1）打开手机中安装的小影，点击"开始剪辑"按钮，如图 8-56 所示。切换到手机素材选择界面，选择需要使用的视频素材，如图 8-57 所示。

图 8-56　点击"开始剪辑"按钮

图 8-57　选择素材

（2）点击"下一步"按钮，进入短视频编辑界面，如图 8-58 所示。点击界面底部的"配乐"图标，在打开的界面中点击"视频原声开"图标，关闭视频原声，点击"添加音乐"图标，如图 8-59 所示。

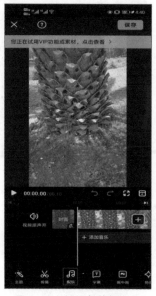

图 8-58　短视频编辑界面

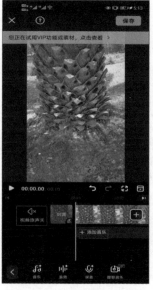

图 8-59　点击"添加音乐"图标

（3）切换到选择音乐界面，点击音乐名称可以试听音乐，如果需要使用某个音乐，可以点击该音乐名称右侧的"下载"图标，下载完成后将显示"使用"按钮，如图 8-60 所示。点击需要使用的音乐名称右侧的"使用"按钮，将所选择的音乐加入时间轴中，如图 8-61 所示。

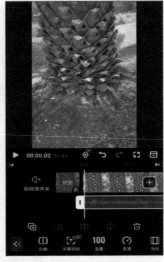

图 8-60　"使用"按钮　　　图 8-61　将音乐添加到时间轴中

（4）完成背景音乐的添加后，点击界面底部左侧的图标，返回主工具栏中，点击"字幕"图标，在打开的界面中点击"添加文字"图标，如图 8-62 所示。切换到添加字幕界面，输入文字，如图 8-63 所示。

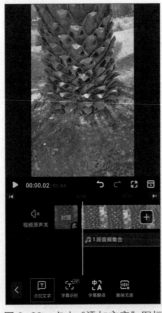

图 8-62　点击"添加文字"图标　　图 8-63　输入文字（1）

（5）在预览区域中可以拖曳调整文字的位置和大小，如图 8-64 所示。点击底部的"自定义样式"图标，显示内置的文字样式，点击文字样式以应用，如图 8-65 所示。对文字的字体、文本、描边和阴影进行设置，效果如图 8-66 所示。

图 8-64　调整文字的位置和大小　图 8-65　应用文字样式　图 8-66　设置文字的相关选项

（6）完成文字的输入和设置之后，点击✓图标，自动将文字添加到时间轴中，如图 8-67 所示。在时间轴区域中左右拖动时间线，找到视频场景切换的位置，调整文字的持续时长到视频场景切换的位置，如图 8-68 所示。

图 8-67　将文字添加到时间　　图 8-68　调整文字的持续时长
　　　　　轴中

（7）点击该界面底部工具栏中的"添加文字"图标，在弹出的界面中输入文字（见图8-69），点击 ✓ 图标，将文字加入时间轴中，调整文字到合适的时长，在预览区域可以拖曳调整文字的位置。

（8）使用相同的制作方法，点击短视频编辑界面底部工具栏中的"滤镜"图标，弹出界面底部会显示滤镜的相关选项，如图8-70所示。

（9）点击滤镜选项的缩览图，即可在预览区域中看到应用该滤镜的效果，如图8-71所示。选择合适的滤镜后，点击界面右上方的"完成"按钮，完成滤镜的添加。

图 8-69　输入文字（2）　　　　图 8-70　显示滤镜的相关选项　　　图 8-71　应用滤镜的效果

 素养课堂

某知名短视频 App 违规收集儿童信息

某 App 是北京某公司开发运营的一款知名短视频应用类软件。但这款 App 在未以显著方式告知并征得儿童监护人明示同意的情况下，允许儿童注册账号，并收集、存储儿童网络账户、联系方式，以及儿童面部特征、声音特征等个人信息。在未再次征得儿童监护人明示同意的情况下，运用后台算法，向具有浏览儿童内容视频喜好的用户直接推送含有儿童个人信息的短视频。

该 App 未对儿童账号采取区分管理措施，默认用户点击"关注"按钮后即可与儿童账号私信联系，并能获取其地理位置、面部特征等个人信息。网络不是"法律盲区"，网络空间也绝非"法外之地"，人人都要为自己的言行负责，坚守网上言论自由底线。在网络上散布或指使他人散布虚假信息、起哄闹事、扰乱公共秩序，属于违法犯罪行为，严重的将追究刑事责任。

浙江省杭州市余杭区人民检察院在办理徐某某猥亵儿童案时发现了北京某公司侵

犯儿童个人信息民事公益诉讼案件的线索，遂展开调查。调查证明 App 侵权行为与实际危害后果具有因果关系。

　　检察院认为，北京某公司运营的短视频 App 在收集、存储、使用儿童个人信息的过程中，未遵循正当必要、知情同意、目的明确、安全保障、依法利用原则。其行为违反了民法总则、未成年人保护法、网络安全法关于未成年人民事行为能力、个人信息保护、对未成年人给予特殊优先保护、网络经营者应当依法收集使用个人信息等相关规定。

实战案例讲解——制作风景短视频

　　我们下面以快剪辑为例，介绍如何使用快剪辑快速制作风景短视频，具体操作步骤如下。

　　（1）打开快剪辑，点击"开始剪辑"按钮，如图 8-72 所示。

　　（2）选择要导入的视频素材，然后点击"导入"按钮，如图 8-73 所示。单击视频右上方的◎图标，可以预览视频。

　　（3）进入短视频编辑界面，选择第 1 段视频，拖动时间轴最左侧的把手按钮，调整视频的开始时间，如图 8-74 所示。

图 8-72　点击"开始剪辑"按钮　　图 8-73　导入视频素材　　图 8-74　调整视频的开始时间

　　（4）点击两段视频中间的 + 按钮，打开"转场"界面，选择"透视旋转"转场效果，如图 8-75 所示，然后点击该效果下方的"点击调节"按钮。

　　（5）在打开的界面中拖动滑块，调节转场效果的持续时间，如图 8-76 所示，然后点击☑图标。

　　（6）将时间线定位到要进行变速的视频的起始位置，然后点击下方的✂图标分割视频，如图 8-77 所示。

图 8-75　选择"透视旋转"转场效果 图 8-76　调节转场效果的持续时间　图 8-77　分割视频

（7）采用同样的方法,将时间线定位到分割视频的终点位置,然后点击下方的 图标,选中分割出来的视频片段,然后点击"变速"图标,如图 8-78 所示。

（8）在打开的界面中调整速度,如图 8-79 所示,然后点击 图标。

（9）输入字幕文字,选中字幕文字后,点击"样式编辑"按钮,如图 8-80 所示。

图 8-78　点击"变速"图标　　　图 8-79　调整速度　　　图 8-80　点击"样式编辑"按钮

（10）在打开的界面中设置字体样式,如图 8-81 所示,然后点击 图标。

（11）点击视频左侧的"全部静音"按钮关闭视频原声,点击"音频"图标,然后点击"音乐"图标,如图 8-82 所示。

（12）在打开的界面中选择音乐类型,并点击音乐名试听音乐。我们若要使用某个音乐,则点击"使用"按钮即可,如图 8-83 所示。

172

图 8-81　设置字体样式　　图 8-82　点击"音乐"图标　　图 8-83　点击"使用"按钮

（13）添加背景音乐后，我们可以根据需要对背景音乐进行节选、音量、踩点、变声等的设置，如图 8-84 所示。

（14）在时间轴中定位时间线的位置，然后点击"美化"图标，如图 8-85 所示。

（15）在打开的界面中点击"风格化"按钮，选择所需的效果，在此选择"M2"效果，如图 8-86 所示。

（16）采用同样的方法，继续在时间轴上所需的位置添加其他效果。视频编辑完成后，我们点击右上方的"下一步"按钮，即可导出视频，如图 8-87 所示。

图 8-84　设置背景音乐　图 8-85　点击"美化"　图 8-86　选择"M2"　图 8-87　导出视频
　　　　　　　　　　　　　　　　　图标　　　　　　　　　效果

【思考与练习】

一、填空题

（1）恰到好处的_____能使不同场景的视频片段过渡得更加自然，并使视频产生一些特殊的视觉效果。

（2）打开手机中安装的小影，默认进入的是_____界面，该界面提供了小影的核心功能。

（3）在快剪辑的_____窗口中，可以对视频进行裁剪以及添加贴图、标记、二维码、马赛克等操作。

（4）在快剪辑的_____对话框中可以修改字幕文字，选择字幕样式。

二、选择题

（1）在"对视频施加"下拉列表中选择（　　）选项，设置定格的时间点和定格时长。

　　A."定格画面效果"　　B."时间轴功能"　　C."设置时长"　　D."时间特效"

（2）在爱剪辑中巧妙地添加（　　），短视频能够更具美感，产生更独特的视觉效果。

　　A. 画中画　　　　　B. 画面风格　　　　C. 特效　　　　　D. 人物特效

（3）（　　）界面中有为小影提供的短视频模板。

　　A."行业模板"　　　B."剪同款"　　　C."热门模板"　　D."制作同款"

三、思考题

（1）怎样使用快剪辑导入与编辑短视频？

（2）怎样使用快剪辑添加字幕？

（3）如何使用爱剪辑添加画面风格？

（4）小影的操作界面是怎样的？

四、实操训练

我们使用快剪辑为短视频添加字幕，具体任务如下。

（1）下载并安装快剪辑。

（2）练习使用快剪辑的各功能，导入短视频、添加背景音乐、添加转场特效。

（3）为短视频添加字幕，可参考图 8-88。

图 8-88　添加字幕

第 9 章
短视频编辑与制作实战

  未来短视频行业的门槛会越来越高，学好最基本的短视频编辑与制作技能可以帮助短视频创作者在这个行业中走得更远，更有竞争力。本章将讲解使用剪映制作商品短视频、使用抖音拍摄与制作旅行短视频、使用 Premiere 制作短视频。通过这三个综合案例对短视频的编辑与制作流程和技巧进行深入讲解，帮助读者进一步学习与巩固制作短视频的方法和技巧。

【学习目标】

➢ 掌握使用剪映制作商品短视频的方法。
➢ 掌握使用抖音拍摄与制作旅行短视频的方法。
➢ 掌握使用Premiere制作短视频的方法。

【导引案例】网店依靠商品短视频月入百万

内容化是 2023 年淘宝的五大战略之一，淘宝平台目前已经推出相关政策：未来手机淘宝上推荐流量的 70% 将会给短视频、直播切片以及直播间。

田英一直是最靠近服装产业链上游的人，做毛呢大衣的线下一级批发。2016 年前后，网红经济如火如荼。那年"双 11"刚结束，看到网红店一千多元的毛呢大衣销量惊人，她突然灵机一动，"我为什么不开一家网店呢？"就这样，田英开了自己的淘宝网店。

数百万家淘宝新店要想脱颖而出，要么是花钱推广，要么是孵化出自带流量的网红。但田英既不懂推广方法，也不懂打造人设，只好选择"第三条路"——做好内容。

刚开始田英发布的商品短视频十分"简单粗暴"，时长不到 10 秒，只是模特穿着大衣在镜子前转身，或者站在花丛里将一将头发。而这样的短视频很快带来了销量，并且长尾效应可以维持几个月。这增加了她的信心，到 2018 年，她每天带着运营人员和主播拍摄四五十条短视频。

到 2020 年，田英的短视频给网店带来的成交额已经超过了搜索和推荐，短视频成了最主要的流量来源和转化路径。不断增长的数据给了她信心，"于是我做了一个大胆的决定，要求每个店铺一天最少发 100 条短视频。"当时，不少刚制作短视频的店铺每天发 5 条短视频都很难。

田英盯着运营人员发了 7 天短视频后，不但整体销量"起飞"，甚至一家原本要被放弃的店铺都被"救活"了，销量翻了几倍，"团队的人一看这样的成绩更努力了，每天都发 200 条短视频。"

田英的淘宝网店在过去几年间，不依赖任何广告，纯靠短视频每个月就有几百万元的营业收入。这说明只有制作精良的短视频才能引起用户的关注，提高内容传播的效果。但是，短视频创作者想要制作出一份精美的短视频并不是一件容易的事情，需要有一定的技术和创意。

思考与讨论

（1）商品短视频的作用有哪些？

（2）如何制作好网店的商品短视频？

9.1 使用剪映制作商品短视频

在当今社会，视频营销已经成为企业和品牌推广的重要手段，而商品短视频剪辑与制作是视频营销中最重要也是最基础的部分之一。因此，如何制作出高质量的商品短视频成了许多企业和品牌推广者所关注的问题。下面我们将介绍使用剪映制作商品短视频的方法。

9.1.1 商品短视频创作准备

商品短视频可以帮助卖家全方位地宣传商品，它代替了传统的图文表达形式，虽然只有短短的几十秒的时间，却能让买家非常直观地了解商品的基本信息和设计亮点，多感官体验商品，从而有助于买家下单。

1. 商品短视频的作用

商品短视频的主要作用如下。

（1）增强视听刺激，激发购买欲：商品短视频以影音结合的方式，用最小的篇幅和最短的时间将商品的重要信息完美地呈现出来，通过增强视听刺激来激发买家的购买欲。

例如，一款蓝牙耳机原本并不是买家的备选商品，但由于感染力很强的商品短视频激发了买家的购买欲，促使其下单购买，如图9-1所示。

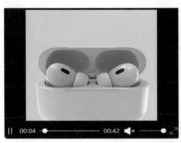

图9-1　蓝牙耳机商品短视频截图

（2）传播信息：传播信息是商品短视频最重要的功能之一。如果商品短视频制作得好，具有新意，能引起人们的注意，那么其传播的速度、广泛性与经济性将是其他信息方式难以比拟的。

（3）多角度地展示商品细节：网店通过短视频来展示商品，可以真实地再现商品的外观、使用方法和使用效果等，比单纯的图片和文字更加令人信服，能够多方位、多角度地展示商品的细节特征。图9-2所示为某网店为其一款面包制作的短视频截图，该短视频通过完整的面包制作流程和细节展示，使买家能更充分地了解商品材料和细节。

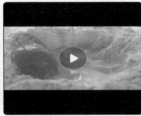

图9-2　某网店为其一款面包制作的短视频截图

（4）提供专业的服务：商品短视频除了可以展示商品信息，也可以展示商品的使用方法与相关注意事项等，还可以作为售后服务的一部分提供给买家，这样既解决了买家使用商品时遇到的问题，又能让买家体验到卖家贴心、专业的服务，从而提升买家对店铺的满意度和忠诚度。

（5）提高店铺商品的成交转化率：商品短视频具有促销功能，能提高店铺商品的成交转化率。对网店来说，成交转化率是指所有访问网店并产生购买行为的人数与所有访问网店的人数的比值。

2. 食品类商品短视频的拍摄注意事项

食品类商品短视频要想突出食品的新鲜、可口、卫生、漂亮等特点，需要通过餐具、摆盘、角度、构图等来体现，下面分别进行介绍。

（1）餐具：餐具太花哨会让人眼花缭乱，简单的餐具能让食品本身的特点体现得更加淋漓尽致。拍摄者在拍摄食品类商品短视频时可以用有造型的餐具或配套餐具，这样更能体现出食品的诱惑力，如图9-3所示。

（2）摆盘：食品的外观与摆盘密不可分。摆盘时不要装得太满，要留一点空间；食品不要堆放在一起，要有序排列。这样展现出的效果将更好，如图9-4所示。

图9-3　餐具　　　　　　　　　　图9-4　摆盘效果

（3）角度：拍摄者可以尝试从食品的不同角度拍摄，灵活选择拍摄角度，拍摄时多采用俯视或者侧视的角度，这种角度既可以很好地刻画食品的立体外形和质感，还可以产生美妙的虚化效果和纵深感。蛋糕、汉堡、三明治等有层次感的食品，最好以平视角度或仰视角度进行拍摄。图9-5所示为俯拍切开的蛋黄酥。

（4）构图：一张图片好不好，构图是关键，独特的构图可以用来分割画面，引导消费者关注食品，增强画面的动感；构图时将食品作为画面焦点，使用纯色背景或浅景深更容易突出食品，如图9-6所示。

图9-5　俯拍切开的蛋黄酥　　　　图9-6　食品作为焦点

↘ 9.1.2　剪辑视频素材

在使用手机拍摄完视频后，短视频创作者可以直接在剪映中对保存在手机上的视频进行剪辑。剪辑视频素材是制作商品短视频的关键部分。在剪辑的过程中，短视频创作者既可以添加素材、分割素材、删除素材、旋转素材，还可以调整视频的对比度、饱和度、色调等，以达到更好的视觉效果，具体操作步骤如下。

扫一扫

剪辑视频素材

（1）在手机中打开剪映，点击"开始创作"按钮，如图9-7所示。

（2）选择手机相册里需要剪辑的视频素材，然后点击"添加"按钮，如图9-8所示。

（3）将时间线拖动到视频中需要分割的部分，点击底部的"剪辑"按钮，如图9-9所示。

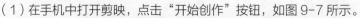

提示与技巧

素材的选择非常重要，高质量的素材可以使短视频更加有趣、有吸引力。短视频创作者可以使用自己拍摄的素材，也可以使用网络上的素材。但是，无论使用的是哪种素材，短视频创作者都要确保素材的质量较高，以保证短视频有较高的品质。

 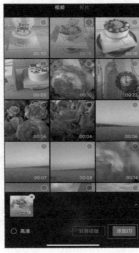 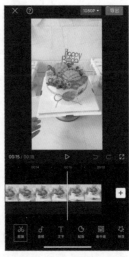

图 9-7　点击"开始创作"按钮　图 9-8　点击"添加"按钮　图 9-9　点击"剪辑"按钮

（4）在"剪辑"界面的底部工具栏中点击"分割"按钮，即可把视频分割开来；然后选择分割出来的多余内容，点击"删除"按钮，如图 9-10 所示。

（5）将多余内容删除后的效果如图 9-11 所示。

（6）点击"编辑"按钮，接着点击"裁剪"按钮，如图 9-12 所示。

图 9-10　点击"删除"按钮　图 9-11　删除多余内容后的效果　图 9-12　点击"裁剪"按钮

（7）在弹出的"裁剪"界面中，拖动预览区域的白色边框到合适位置以裁剪视频，如图9-13所示。

（8）点击"变速"按钮，接着点击"常规变速"按钮，如图9-14所示，对视频素材进行变速，如图9-15所示。设置完成后，点击☑图标，返回底部工具栏。

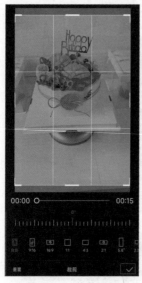

图9-13　裁剪视频

图9-14　点击"常规变速"按钮

图9-15　对视频素材进行变速

图9-16　点击"调节"按钮

图9-17　调整亮度数值

（9）点击"调节"按钮，如图9-16所示。

（10）在弹出的界面中，可以按照需求设置亮度、对比度、饱和度等选项，点击"亮度"按钮，亮度主要调节视频画面的明暗程度，拖曳圆形控制点，往右拖曳可提高画面的整体亮度，往左拖曳可降低画面的整体亮度，如图9-17所示。

（11）点击"对比度"按钮，对比度主要调节视频画面明暗之间的对比。往右拖曳为提高对比度（见图9-18），即画面的明暗对比会变得更强；往左拖曳为降低对比度，即画面的明暗对比会减弱，画面看起来会比较灰。

（12）点击"饱和度"按钮，饱和度主要调节视频画面色彩的饱满程度。往右拖曳为提高饱和度（见图9-19），画面的色彩会变得更加艳丽、饱满；往左拖曳为降低饱和度，画面的色彩会变得更加平淡。

（13）点击"智能调色"按钮，拖动圆形控制点即可一键智能调色，如图 9-20 所示。

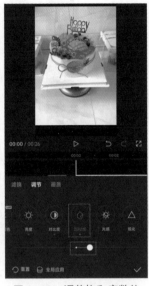
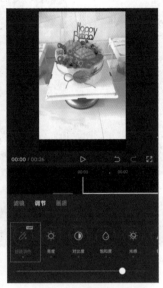

图 9-18　调整对比度数值　　　图 9-19　调整饱和度数值　　　图 9-20　智能调色

9.1.3　为短视频添加滤镜和特效

完成短视频内容的剪辑后，如果短视频画面模糊不清或颜色失真，短视频创作者可以利用特效和滤镜来优化、美化短视频画面，提升短视频的质量，具体操作步骤如下。

（1）选择视频素材，点击"滤镜"按钮，如图 9-21 所示。

（2）选择一款合适的滤镜后，点击右下角的 ✓ 图标即可，如图 9-22 所示。

（3）返回底部工具栏，点击"特效"按钮，如图 9-23 所示。

图 9-21　点击"滤镜"按钮　　　图 9-22　选择一款合适的滤镜　　　图 9-23　点击"特效"按钮

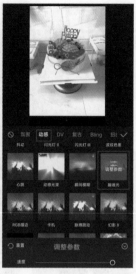

图 9-24　点击"画面特效"
按钮

图 9-25　选择动感特效并
调整参数

（4）在"特效"界面中点击"画面特效"按钮，如图 9-24 所示。

（5）打开"动感"选项卡，在动感特效中，选择一款合适的动感特效，并调整参数，如图 9-25 所示。选择需要的特效之后，短视频画面中就会出现所选特效的效果。

↘ 9.1.4　添加并设置音频

有时候视频拍摄出来噪声太大或者太过于单调，这个时候我们可以添加背景音乐，让视频更生动。添加合适的音乐还能让人产生情感共鸣，加深观者对视频的印象。

（1）点击"关闭原声"按钮，并依次点击"音频"和"音乐"按钮，如图 9-26 所示。

（2）进入"音乐"界面，如图 9-27 所示，在这里可以搜索、添加音乐，也可以自行导入音乐。

（3）在搜索框中搜索要添加的歌曲名称，确认后点击"使用"按钮即可添加音乐，如图 9-28 所示。

图 9-26　点击"音乐"按钮　　　　图 9-27　"音乐"界面　　　　图 9-28　搜索并添加音乐

（4）点击"剪辑"界面底部的"音量"按钮，在弹出的界面中调整音量大小，如图9-29所示，调整完毕后，点击✅图标即可。

（5）点击"剪辑"界面底部的"降噪"按钮，然后在打开的界面中点击"降噪开关"按钮，打开降噪，如图 9-30 所示。

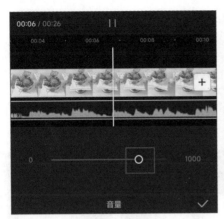
图 9-29 调整音量

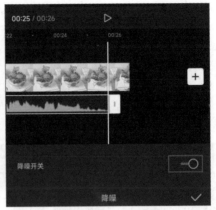
图 9-30 打开降噪

9.1.5 添加字幕

添加字幕如果一个一个地打字太耗费时间了，短视频创作者可以利用"识别歌词"或"识别字幕"功能，快速完成字幕的添加，具体操作步骤如下。

（1）点击"识别歌词"按钮，如图 9-31 所示。

（2）在弹出的界面中，打开"同时清空已有歌词"开关，如图 9-32 所示。

（3）点击"开始匹配"按钮，识别匹配完成后，字幕就自动添加上了，如图 9-33 所示。

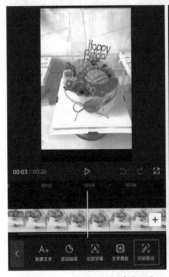
图 9-31 点击"识别歌词"
按钮

图 9-32 打开"同时清空
已有歌词"开关

图 9-33 字幕添加完成

9.1.6 导出短视频

完成上述所有操作后，短视频创作者可以预览短视频内容，若确认无误，则可以将其导出。需要注意的是，剪映会自动在创建的短视频中添加片尾内容，如果不需要设置片尾，则在导出前还需要将该内容删除。下面介绍导出短视频的方法，具体操作步骤如下。

（1）在导出短视频之前，可以点击"导出"按钮左侧的"1080P"按钮来对导出的短视频进行设置，如图9-34所示。导出设置界面包括分辨率、帧率、码率以及导出的视频文件大小等。其中分辨率最低为480p，最高为4K；帧率最低为24帧/秒，最高为60帧/秒。码率和文件大小会根据视频文件自动变化。

（2）点击剪映操作界面右上角的"导出"按钮，如图9-35所示。

（3）剪映开始导出创作的短视频，如图9-36所示。完成后短视频将保存到相册和草稿箱中。

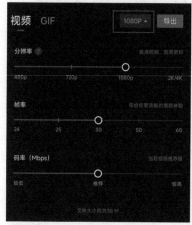

图9-34　设置导出短视频　　　图9-35　点击"导出"按钮　　　图9-36　导出短视频

 素养课堂

探店短视频未标"广告"被罚，分享和营销应有界限

近年来，达人探店、达人"种草"等各类互联网分享行为在网上引流效果显著，但他们的一些行为可能误导消费者，甚至涉嫌违法。2023年6月5日，湖北省黄石市市场监管综合执法支队对湖北某咨询有限公司发布的达人探店推广短视频未标明"广告"的行为作出责令改正并处罚款1万元的行政处罚。据悉，这是全国首起达人探店违法违规被处罚的案例。

2023年5月1日起实施的《互联网广告管理办法》明确规定，通过知识介绍、体验分享、消费测评等形式推销商品或者服务，并附加购物链接等购买方式，广告发布者应当显著标明"广告"。这实际是在法律层面给如今非常流行的互联网短视频创作和新媒体广告营销划出了明确界限。此次相关达人探店推广短视频因未标明"广告"字样而被罚，就是执行新规的结果。

在传统媒体时代，纸媒、电视等发布的内容，用户很容易辨认哪些是广告。在新媒体时代，广告内容和非广告内容的界限却要模糊得多。如果没有特别的提示，用户就很容易产生混淆。在这种情况下，要求广告营销内容必须明确标注广告提醒，这与时俱进地保护了消费者权益，是规范新媒体营销活动的重要手段。

随着新媒体的流量效应被不断放大，视频媒介在个人生活中占据越来越重要的地位，成为广告营销的主战场和个人消费的重要入口。如今，很多人在消费之前都习惯了在网上寻找相关"种草"视频。殊不知，这些"种草"视频很多都是商家付费购买的营销内容，难免存在夸大、选择性推荐乃至虚假宣传的可能性。明确标注广告提醒，将有偿的探店行为和纯粹的个人分享区分开来，让广告归广告，分享归分享，确实很有必要。

其实，这也是达人探店、达人"种草"等新的营销模式发展到一定阶段必须经历的"升级"。一方面，随着此类营销行为越来越多，如果一部分标注广告，一部分不标注广告，这实际也妨碍了市场公平竞争，容易导致"劣币驱逐良币"；另一方面，不标注广告也就意味着失去了责任约束和监督，这不可避免地会增大一些商家的侥幸心理，加剧虚假宣传倾向。于是，当越来越多的消费者发现这种探店模式不再具有真正的参考价值时，相关营销模式的路只会越走越窄。因此，严格标注广告提醒，对探店营销的长远发展来说，其实是有利的，商家和平台都应该有长远的眼光。

9.2 使用抖音拍摄与制作旅行短视频

旅行短视频基于短视频形式提供旅行相关服务，涵盖丰富的旅行目的地、视频攻略，以及泛旅游产品服务等。通过旅行短视频，用户通过观看短视频既可以获取到当地最新、最全的旅行实景攻略，还可以直接入手中意的旅行产品。下面我们将介绍使用抖音拍摄与制作旅行短视频。

扫一扫

使用抖音拍摄与
制作旅行短视频

↘ 9.2.1 旅行短视频拍摄准备

旅行短视频即记录旅行中的沿途趣事及感受的短视频。这类短视频的内容不仅能展现沿途美景，还能表达短视频创作者的心情。下面介绍旅行短视频拍摄准备，包括旅行短视频的剪辑手法和旅行短视频的内容形式。

1. 旅行短视频的剪辑手法

旅行类短视频的素材通常具有不确定性的特点，除了短视频脚本中规定的镜头内容，还会拍摄很多不在计划之内的素材内容。所以，旅行类短视频的剪辑手法通常比较开放，主要有排比剪辑法、逻辑剪辑法、相似剪辑法、混剪法、环形剪辑法等。

（1）排比剪辑法是指在剪辑视频素材时，利用匹配剪辑的手法，将多组不同场景、相同角度、相同行为的镜头进行组合，剪辑出具有跳跃感的短视频，如图 9-37 所示。

（2）逻辑剪辑法是指利用两个事物之间的动作衔接匹配，将两个视频素材组合在一起。例如，先拍摄大门，然后出门就进入一个景点，如

图 9-37　用排比剪辑法剪辑的旅行短视频

图9-38　用逻辑剪辑法剪辑的旅行短视频

图9-38所示。

（3）相似剪辑法是指利用不同场景、不同物体的相似形状或相似颜色，将多组不同的视频素材进行组合，如天上的飞机和鸟、建筑模型和摩天大楼等。图9-39所示的短视频先剪辑了瀑布的全景画面，后剪辑了一个瀑布水流的近景画面。

（4）混剪法是指将拍摄到的风景和人物素材混合剪辑在一起。为了混而不乱，剪辑师在挑选素材时要将风景和人物穿插排列，呈现出特别的分镜效果，这样即使没有特定的情节，看起来也不会单调。为了更好地使用混剪法，拍摄者在拍摄同一画面时，要多角度地拍摄大量素材，并使用运动镜头以获取画面张力。图9-40所示为用混剪法剪辑的旅行短视频。

图9-39　用相似剪辑法剪辑的旅行短视频　　　图9-40　用混剪法剪辑的旅行短视频

（5）环形剪辑法是指从A点出发，途经B、C、D点，再巧妙地回到A点的剪辑方式。例如，在拍摄游客的某一天行程时，游客从酒店出发，路上经过很多地方，最后又回到酒店。在剪辑画面时，要配合音乐节奏，这样可以增强旅行短视频的节奏感。

提示与技巧

　　拍摄者想要拍摄出好看的视频效果，运镜技巧是必不可少的。在运镜过程中最重要的就是镜头的平稳，而在实际拍摄过程中往往避免不了动态拍摄，最好给镜头配一个稳定器，如果是用手机拍摄，搭配一个手机支架就可以有效减少镜头的抖动。

2. 旅行短视频的内容形式

　　在拍摄短视频前，拍摄者需要先依据旅行短视频的内容确定短视频的拍摄风格。例如，拍摄者要拍摄山水风光的旅游短视频，就可以选择轻快的拍摄风格；拍摄者要拍摄一些人文古迹的旅游短视频，就比较适合沉稳的拍摄格调。

　　（1）风光大片：拍摄者可以使用专业化团队与高清设备拍摄，保证画面优质与视觉传达效果好，提升用户观看体验；将目的地的秀美风光、地标建筑、文物古迹等囊括其中，针对性地打造视觉盛宴，吸引眼球，如图9-41所示。

（2）交通工具：外出旅行的时候，拍摄者可以多拍摄一些交通工具的画面，如汽车、火车、公交车、飞机等，这样可以让短视频看上去更加真实，容易将用户带入情境之中。图9-42所示为拍摄的双层敞篷观光巴士。

图9-41　风光大片　　　　　　　图9-42　拍摄的双层敞篷观光巴士

（3）分享特色美食：旅途中，我们会品尝各地的一些特色美食，这也是旅行短视频中不可缺少的部分。图9-43所示为短视频创作者在天津旅游时拍摄的短视频，记录了天津的一些特色美食。

（4）人文景观：以目的地的人文景观为落脚点，通过人文短片，结合故事感文案，情景相融，使用户产生代入感，再现目的地的风貌特色，吸引粉丝前往该目的地打卡，如图9-44所示。

图9-43　分享特色美食

（5）旅游攻略：基于不同年龄段、不同兴趣圈层的目标人群，针对性地输出攻略，一条龙式覆盖吃、玩、住、行、游等内容，针对用户行程中普遍存在的痛点需求，输出旅游资讯，从而既能满足浏览型用户在家云旅游的心理需求，也能满足出行型用户的攻略信息需求。图9-45所示为旅游攻略。

图9-44　人文景观　　　　　　　图9-45　旅游攻略

↘ 9.2.2 短视频的拍摄

优秀的旅行短视频能够透过镜头让用户感受到旅行目的地优美的自然风光和丰富的人文情怀，同时沉浸到短视频创作者游玩时的喜悦之情当中。下面使用抖音进行短视频的拍摄，具体操作步骤如下。

（1）片头是短视频带给用户的第一印象，好的片头要立刻抓住用户的目光，让人忍不住接着看下去。如图 9-46 所示，短视频刚开始就是在飞机上拍摄的蓝天白云的镜头，表明旅行马上开始。在飞机快要降落时，俯拍目的地城市夜景，如图 9-47 所示。

（2）在蓝月谷远景拍摄云南省丽江市知名景点玉龙雪山，如图 9-48 所示。

（3）登上雪山后，从山上俯拍山下远景，如图 9-49 所示。

图 9-46 拍摄的 蓝天白云　　图 9-47 俯拍目的地 城市夜景　　图 9-48 远景拍摄 玉龙雪山　　图 9-49 从山上 俯拍山下远景

（4）近距离拍摄山上雪景，如图 9-50 所示。

（5）拍摄玉龙雪山 4680 米处的石碑，如图 9-51 所示。

（6）拍摄丽江古城远景，如图 9-52 所示。

（7）拍摄丽江古城大石桥，如图 9-53 所示。

图 9-50 近距离拍摄 山上雪景　　图 9-51 拍摄玉龙雪山 4680 米处的石碑　　图 9-52 拍摄丽江 古城远景　　图 9-53 拍摄丽江 古城大石桥

（8）大理的苍山和洱海是非常著名的旅游景点。图 9-54 所示为拍摄的苍山和洱海。

（9）三塔是大理的标志性建筑物，也是历史文化古迹。图 9-55 所示为拍摄的大理的三塔。

图 9-54　拍摄的苍山和洱海　　　　图 9-55　拍摄的大理的三塔

↘ 9.2.3　添加文字和音乐

下面使用抖音导入拍摄的视频文件，并添加文字和音乐，具体操作步骤如下。

（1）打开抖音，导入上一小节拍摄的视频文件，如图 9-56 所示。

（2）导入视频文件后，点击"文字"图标，如图 9-57 所示。

（3）在短视频中输入文字"七彩云南"，并设置文字样式，如图 9-58 所示。

图 9-56　导入视频文件　　　图 9-57　点击"文字"图标　　　图 9-58　输入文字并设置文字样式

（4）点击顶部的背景音乐名称，如图 9-59 所示。

（5）在打开的界面中选择一个合适的背景音乐，如图 9-60 所示。

（6）设置背景音乐循环播放，如图 9-61 所示。

图 9-59　点击背景音乐名称

图 9-60　选择背景音乐

图 9-61　设置循环播放

（7）自动识别字幕，如图 9-62 所示。

（8）设置字幕文字样式，如图 9-63 所示，设置完成后点击右下角的✓图标。

（9）点击"下一步"按钮即可发布短视频，如图 9-64 所示。

图 9-62　自动识别字幕

图 9-63　设置字幕文字样式

图 9-64　点击"下一步"按钮

9.3　使用 Premiere 制作短视频

本节介绍如何使用 Premiere 制作短视频，帮助读者进一步巩固短视频剪辑技巧，其中包括对散乱镜头的合理排序、剪辑速度的控制、镜头转场的设计、画面抖动的修复等。

↘ 9.3.1　新建项目并导入素材

为制作短视频，先创建项目并导入所需的素材，然后对素材进行整理，具体操作步骤如下。

（1）启动 Premiere，执行"文件 > 新建 > 项目"命令，弹出"新建项目"对话框，输入项目名称并设置保存位置，如图 9-65 所示，然后单击"确定"按钮。

（2）按 Ctrl+I 组合键打开"导入"对话框，选择要导入的素材文件，然后单击"打开"按钮，如图 9-66 所示。

扫一扫

新建项目并导入素材

图 9-65　在"新建项目"
对话框中设置

图 9-66　选择素材后单击"打开"按钮

（3）将素材导入"项目"面板中。在"项目"面板中创建素材箱，对音 / 视频等素材进行整理，如图 9-67 所示。

（4）打开"视频素材"素材箱，单击下方的"图标视图"按钮，预览视频素材并根据需要对视频素材进行筛选和排序，如图 9-68 所示。

图 9-67　创建素材箱并整理素材　　图 9-68　对视频素材进行筛选和排序

9.3.2 剪辑视频片段

下面对用到的视频片段进行剪辑，在剪辑时同样以音乐节奏为剪辑依据，在视频剪辑位置进行加速处理，以实现变速转场，具体操作步骤如下。

（1）执行"文件>新建>序列"命令，打开"新建序列"对话框，选择"设置"选项卡，在"编辑模式"下拉列表中选择"自定义"选项，然后自定义"时基""帧大小""像素长宽比""显示格式"等参数，如图9-69所示。设置完成后，单击"确定"按钮。

（2）在"项目"面板中双击"源：yinyue.mp3"音频素材，在"源"面板中标记要使用的音乐部分的入点和出点，然后播放音乐，在音乐节奏点位置按M键添加标记，如图9-70所示。

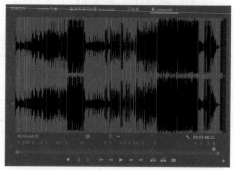

图9-69　在"新建序列"对话框中设置参数　　图9-70　在"源"面板添加标记

（3）在"项目"面板中双击"4.mp4"视频素材，在"源"面板中预览该视频素材，标记该视频素材的入点和出点，然后拖动"仅拖动视频"按钮到创建的序列中，如图9-71所示。

（4）弹出"剪辑不匹配警告"对话框，单击"保持现有设置"按钮，如图9-72所示。

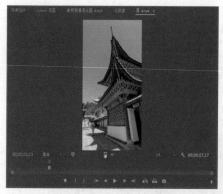

图9-71　拖动"仅拖动视频"按钮　　图9-72　单击"保持现有设置"按钮

（5）在"时间轴"面板中选中视频素材，如图9-73所示。

（6）按Ctrl+R组合键打开"剪辑速度/持续时间"对话框，设置"速度"为700%，在"时间插值"下拉列表中选择"帧混合"选项，如图9-74所示，然后单击"确定"按钮。

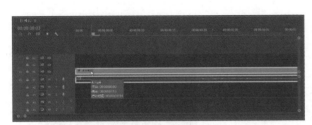

图 9-73 在"时间轴"面板中选中视频素材

图 9-74 在"剪辑速度 /
持续时间"对话框中设置

（7）在"节目"监视器窗口中可以看到运动画面在播放过程中出现了动态模糊效果，如图 9-75 所示。

（8）在"时间轴"面板中用鼠标右键单击视频素材左上方的 **fx** 图标，在弹出的快捷菜单中执行"时间重映射 > 速度"命令，如图 9-76 所示，将轨道上的关键帧更改为速度关键帧。

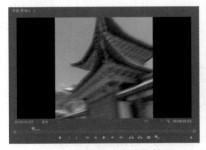

图 9-75 预览动态模糊效果

图 9-76 执行"时间重映射 > 速度"命令

（9）按住 Ctrl 键的同时在速度轨道上单击，添加速度关键帧，然后调整速度关键帧左侧的速度，如图 9-77 所示。

（10）拖动关键帧手柄，使速度变化形成坡度。定位时间线的位置，按 Ctrl+K 组合键分割视频素材，如图 9-78 所示。

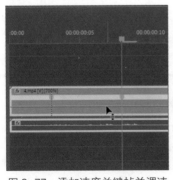

图 9-77 添加速度关键帧并调速

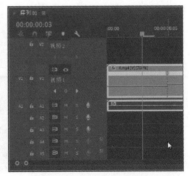

图 9-78 分割视频素材

（11）用鼠标右键单击分割后左侧的视频素材，在弹出的快捷菜单中执行"时间插值
> 帧采样"命令，取消该视频素材的动态模糊效果，如图 9-79 所示。

（12）在"项目"面板中双击"源:5.mp4"视频素材,在"源"面板中预览该视频素材,标记该视频素材的入点和出点,如图9-80所示,然后拖动"仅拖动视频"按钮到"时间轴"面板的V2轨道上。

图9-79　执行"时间插值>帧采样"命令　　图9-80　标记视频素材的入点和出点

9.3.3　添加转场效果

制作两个镜头之间的遮罩转场,具体操作步骤如下。

（1）在"时间轴"面板中将时间线定位到"6.mp4"视频中要进行蒙版遮罩转场的位置,按Ctrl+K组合键分割视频,如图9-81所示。

（2）将时间线右侧的视频进行嵌套,设置序列名称为"视频6转场[V]",如图9-82所示。

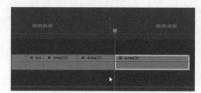 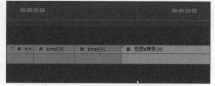

图9-81　分割视频　　　　　　　　图9-82　创建嵌套序列

（3）在"效果控件"面板的"不透明度"效果中选择钢笔工具,创建蒙版,启用"蒙版路径"动画,并勾选"已反转"复选框,如图9-83所示。

（4）双击"节目"监视器窗口将其最大化,使用钢笔工具绘制蒙版路径,如图9-84所示,并逐帧调整蒙版路径,制作蒙版遮罩转场效果。

图9-83　创建并设置蒙版　　　　　图9-84　绘制蒙版路径

9.3.4　调整短视频声音

短视频创作者对短视频中的声音进行调整,包括调整背景音乐音量、添加音效素材、